高寒地区
输电线路无人机巡检技术

国网哈尔滨供电公司　组编

中国电力出版社
CHINA ELECTRIC POWER PRESS

内 容 提 要

为推广高寒地区输电线路无人机巡检的应用，国网哈尔滨供电公司基于多年工作经验，特编写本书。本书紧密结合现场实际、全面系统、实用性强，对提高技术人员对高寒地区输电线路无人机巡检的认知具有重要意义。

本书共分六章，包括无人机巡检概述、高寒地区多旋翼无人机巡检特点、巡检系统技能培训、架空输电线路多旋翼无人机巡检作业流程、无人机典型作业以及架空输电线路无人机应用前景展望。

本书主要适用于直接从事高寒地区输电线路无人机巡检的技术人员和管理人员，也可供相关专业及管理人员参考使用。

图书在版编目（CIP）数据

高寒地区输电线路无人机巡检技术/国网哈尔滨供电公司组编 . —北京：中国电力出版社，2018.12（2019.8 重印）

ISBN 978 - 7 - 5198 - 2845 - 5

Ⅰ.①高… Ⅱ.①国… Ⅲ.①无人驾驶飞机—应用—寒冷地区—架空线路—输电线路—巡回检测 Ⅳ.①V279②TM726.3

中国版本图书馆 CIP 数据核字（2019）第 002280 号

出版发行：中国电力出版社
地　　址：北京市东城区北京站西街 19 号（邮政编码 100005）
网　　址：http：//www.cepp.sgcc.com.cn
责任编辑：苗唯时（010-63412340）
责任校对：黄　蓓　李　楠
装帧设计：郝晓燕
责任印制：石　雷

印　　刷：三河市万龙印装有限公司
版　　次：2018 年 12 月第一版
印　　次：2019 年 8 月北京第二次印刷
开　　本：710 毫米×1000 毫米　16 开本
印　　张：6
字　　数：101 千字
印　　数：2001—3500 册
定　　价：45.00 元

编　委　会

前　　言

　　电力系统的稳定运行关系着人民生活和生产活动乃至国家和社会的稳定。电力系统的每一次故障都有可能给社会造成无法估量的损失。所以，保证电力系统安全运行是电力部门等电力行业的首要任务。

　　架空线路和变电站是电网结构的重要组成部分，其运行可靠性直接影响电网的稳定运行。近年来，随着电网建设的快速发展，电网规模日益扩大，输电线路里程也快速增长。大部分输电线路走廊分布在郊区旷野，受恶劣天气、山坡地理条件等客观自然条件的影响较大，因此，有必要适时对输电线路和变电站进行巡视，及时发现威胁电力安全的缺陷，为状态检修提供基础支撑。

　　传统的输电线路人工巡检方式存在效率低、质量差、速度慢等缺陷，特别是环境条件恶劣的区域，巡线方式更是亟待改进。本书对传统的巡线方式进行了分析，特别是针对高寒地区，阐述了无人机巡线技术的先进性、功能、优点。本书共分六章，第一章对无人机巡检进行了简要概述，第二章阐述了高寒地区多旋翼无人机巡检特点及应用，第三章介绍了巡检系统技能培训，第四章介绍了架空输电线路多旋翼无人机巡检作业流程，第五章介绍了无人机典型作业，第六章对架空输电线路无人机应用前景进行了展望。

　　由于时间仓促，书中疏漏和不足之处敬请读者批评指正。

本书编委会

2018 年 11 月

目 录

第一章 无人机巡检概述

第一节 无人机简述

无人驾驶飞机简称无人机（Unmanned Aerial Vehicle，UAV），是利用无线电遥控设备和自备的程序控制装置操纵的不载人飞机，或者由车载计算机完全地或间歇地自主操纵。无人机系统（Unmanned Aircraft System，UAS），也称无人驾驶航空器系统（Remotely Piloted Aircraft Systems，RPAS），是指一架无人机、相关的遥控站、所需的指令与控制数据链路以及批准的型号设计规定的任何其他部件组成的系统。

国内外无人机相关技术飞速发展，无人机系统种类繁多、用途广、特点鲜明，致使其在尺寸、质量、航程、航时、飞行高度、飞行速度等多方面都有较大差异。由于无人机的多样性，出于不同的考量会有不同的分类方法如下。

一、按飞行平台构型分类

按飞行平台构型分类，无人机可分为固定翼无人机（见图1-1）、旋翼无人机（见图1-2）、飞艇式无人机（见图1-3）、伞翼无人机（见图1-4）、扑翼无人机（见图1-5）。

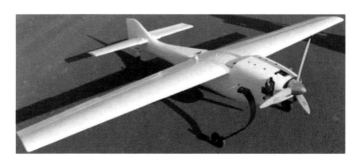

图1-1 固定翼无人机

图 1-2　八轴多旋翼无人机

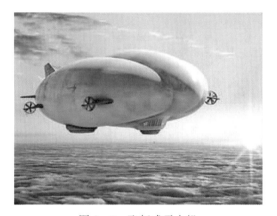

图 1-3　飞艇式无人机

图 1-4　伞翼无人机

图 1-5　扑翼无人机

二、按无人机用途分类

（1）民用无人机，如民用测绘无人机，如图 1-6 所示。

图 1-6　民用测绘无人机

（2）军用无人机，如收割者军用无人机，如图 1-7 所示。

三、按尺寸分类

（1）微轻型无人机，是指空机质量不大于 7kg 的无人机，如图 1-8 所示。

（2）轻型无人机，是指空机质量大于 7kg，但不大于 116kg 的无人机，校正空速小于 100km/h（55n　mile/h），升限小于 3000m，如图 1-9 所示。

（3）小型无人机，是指空机质量大于 116kg，但不大于 5700kg 的无人机，

图 1-7　收割者军用无人机

图 1-8　微轻型无人机

图 1-9　轻型无人机

如图 1-10 所示。

（4）大型无人机，是指空机质量大于 5700kg 的无人机，如图 1-11 所示。

图 1-10　小型无人机

图 1-11　大型无人机

第二节　无人机系统组成

无人机系统通常由动力系统、导航系统、飞控系统、电气系统、任务系统、通信链路系统、地面站系统组成。

一、动力系统

无人机的动力系统，一般有内燃机和电动机两种，其中以电动机为主。电动机的动力系统主要由电动机、电调（控制电机转速）、动力电源以及螺旋桨组成。

1. 电动机

无人机的电动机可以分为有刷电动机和无刷电动机，其中有刷电动机由于效率较低，在无人机领域已逐步不再使用。目前主要以无刷电动机为主，一头固定

5

在机架力臂的电机座，一头固定螺旋桨，通过旋转产生向下的推力，如图 1-12 所示。

图 1-12　无刷电动机

2. 电调

动力电机的调速系统称为电调，如图 1-13 所示，全程为电子调速器。针对动力电机的不同，可分为有刷电调和无刷电调。电调的连接一般有以下三种情况：

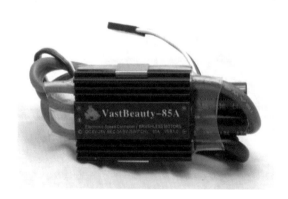

图 1-13　电调

（1）电调的输入线与电池连接。

（2）电调的输出线（有刷电调两根、无刷电调三根）与电机相连。

（3）电调的信号线与接收机连接。

3. 动力电源

动力电源主要为电动机的运转提供电能，常采用化学电池来作为电动机的动力电源，主要包括镍氢电池、镍镉电池、锂聚合物电池、锂离子动力电池。前两种电池因质量大、能量低，现已被锂聚合物电池所替代，如图 1-14 所示。

图 1-14　锂聚合物动力电池

4. 螺旋桨

螺旋桨是指靠桨叶在空气中旋转，将发动机转动功率转化为推进力的装置，可有两个或较多的叶与毂相连，叶的向后一面为螺旋面或近似于螺旋面的一种推进器，如图 1-15 所示。螺旋桨旋转时，桨叶不断把大量空气（推进介质）向后推去，在桨叶上产生一向前的力，即推进力。一般情况下，螺旋桨除旋转外还有前进速度。如截取一小段桨叶来看，恰像一小段机翼，其相对气流速度由前进速度和旋转速度合成。桨叶上的气动力在前进方向的分力构成拉力。在旋转面内的分量形成阻止螺旋桨旋转的力矩，由发动机的力矩来平衡。桨叶剖面弦（相当于翼弦）与旋转平面夹角称桨叶安装角。螺旋桨旋转一圈，以桨叶安装角为导引向前推进的距离称为桨距。实际上桨叶上每一剖面的前进速度都是相同的，但圆周速度则与该剖面距转轴的距离（半径）成正比，所以各剖面相对气流与旋转平面的夹角随着离转轴的距离增大而逐步减小，为了使桨叶每个剖面与相对气流都保持在有利的迎角范围内，各剖面的安装角也随着与转轴的距离增大而减小。这就是每个桨叶都有扭转的原因。轻型无人机和微型无人机一般安装定距螺旋桨，而大型、小型无人机根据需要可通过安装变距螺旋桨以提高动力性能。

7

图 1-15 螺旋桨

二、导航系统

无人机的导航系统是无人机的"眼睛"，多技术结合是未来发展的方向。导航系统负责向无人机提供参考坐标系的位置、速度、飞行姿态等矢量信息，引导无人机按照指定航线安全、准时、准确地飞行，完善的无人机导航系统应具有以下功能：

（1）获得必要的导航要素：高度、速度、姿态、航向。

（2）给出满足精度要求的定位信息：经度、纬度。

（3）引导飞机按规定计划飞行。

（4）接收控制站的导航模式控制指令并执行；并具有指令导航模式与预定航线飞行模式相互切换的功能。

（5）具有接收并融合无人机其他设备的辅助导航定位信息的能力。

（6）接收预定任务航线规划的设定，并对任务航线的执行进行动态管理。

（7）配合其他系统完成各种任务。

无人机的几种导航方式包括惯性导航、卫星导航、多普勒导航、天文导航、地磁导航。

三、飞控系统

飞控系统是无人机完成起飞、空中飞行、执行任务、返场回收等整个飞行过程的核心系统，对无人机实现全权控制与管理，因此飞控系统之于无人机相当于驾驶员之于有人机，是无人机执行任务的关键。无人机飞控系统通常具有以下功能：

（1）无人机姿态稳定与控制。

（2）与导航系统协调完成航迹控制。

（3）无人机起飞（发射）与着陆（回收）控制。

（4）无人机飞行管理。

（5）无人机任务设备管理与控制。

（6）应急控制。

（7）信息收集与传递。

四、电气系统

电气系统一般包括电源、配电系统、用电设备3个部分，电源和配电两者组合统称为供电系统。供电系统的功能是向无人机各用电系统或设备提供满足预定设计要求的电能。根据电气系统的位置，无人机电气系统又可分为机载电气系统和地面供电系统两部分。机载电气系统主要由主电源、应急电源、电气设备的控制与保护装置及辅助设备组成。

五、任务设备

无人机根据任务不同，可以搭载不同设备进行工作。常用的无人机任务设备有航拍相机（见图1-16）、测绘激光雷达、气象设备、农药喷洒设备（见图1-17）、激光测距仪器、红外相机（见图1-18）、微光夜视仪、航空武器设备等。

图1-16　航拍相机

六、通信链路系统

无人机通信链路主要指用于无人机系统传输控制、无载荷通信和有载荷通信

图 1-17　农药喷洒设备

图 1-18　红外相机设备

三部分信息的无线电链路。根据通信链路的连接方法，可把通信链路分为：

（1）点对点连接通信链路，这时的链路只能连接两个节点。

（2）多点连接链路，指用一条链路连接多个节点。

按运用平台可将通信链路分为机载链路设备和地面链路设备。

1. 机载链路设备

机载链路设备是指无人机上用于通信的电子设备。机载电子设备一般由发信机、收信机、天线、控制盒和电源等组成。发信机和收信机是链路设备的主体，一般安装在飞机电子舱或靠近天线处，通过电缆与控制盒连接。视距内飞行的无人机多数安装有全向天线（见图 1-19），需要进行超视距飞行的无人机一般采用自跟踪抛物面卫星天线。

2. 地面链路设备

民用通信链路的地面终端硬件一般会被集成到地面站系统中，称作地面电台

图 1-19 全向天线

（见图 1-20），视距内通信链路地面天线采用鞭状天线、八木天线和自跟踪抛物面天线，需要进行超视距通信的地面站还会采用固定卫星天线。

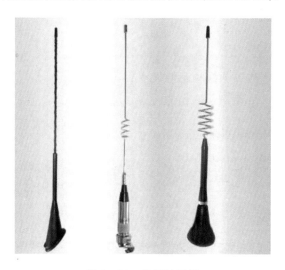

图 1-20 地面站天线

七、地面站系统

无人机地面站也称控制站、遥控站或任务规划与控制站。在规模较大的无人机系统中，可以有若干个控制站，这些不同功能的控制站通过通信设备连接起来，构成无人机地面站系统，如图 1-21 所示。

无人机地面站系统通常包括指挥调度、任务规划、操作控制、显示记录等功能。主要由显示系统和控制系统构成。

图 1 - 21　地面站系统

1. 显示系统

显示系统是指能通过画面动态地显示飞行器的飞行与导航信息、数据链路状态信息、设备状态信息和指令信息的装置（见图 1 - 22），主要包括以下功能：

（1）飞行参数综合显示。飞行与导航信息、数据链状态信息、设备状态信息、指令信息。

（2）告警视觉。灯光、颜色、文字；听觉：语音、音调。一般分为提示、注意和警告三个级别。

（3）地图航迹显示。导航信息显示、航迹绘显示以及地理信息的显示。

图 1 - 22　无人机地面站显示系统

2. 控制系统

控制系统是指操控人员能够遥控操控飞行器的装置（见图 1-23），主要包括起降操纵、飞行控制、任务设备控制和数据链管理等。

图 1-23　无人机地面站控制系统

第三节　无人机飞行原理

一、多旋翼无人机飞行原理

多旋翼无人机也是由电机的旋转使螺旋桨产生升力而飞起来的。比如四旋翼无人机，当飞机四个螺旋桨的升力之和等于飞机总重量时，飞机的升力与重力相平衡，飞机就可以悬停在空中了。根据牛顿第三定律，旋翼在旋转的同时，也会同时向电机施加一个反作用力（反扭矩），促使电机向反方向旋转。因此现在的直升机都会带一个"小尾巴"，在水平方向上施加一个力，去抵消这种反作用力，保持直升机机身的稳定。而回到四旋翼飞行器上，它的螺旋桨也会产生这样的力，所以为了避免飞机疯狂自旋，四旋翼飞机的四个螺旋桨中，相邻的两个螺旋桨旋转方向是相反的。

多旋翼无人机飞行原理示意如图 1-24 所示，三角形红箭头表示飞机的机头朝向，螺旋桨 M1、M3 的旋转方向为逆时针，螺旋桨 M2、M4 的旋转方向为顺时针。当飞行时，M2、M4 所产生的逆时针反作用力（反扭矩）和 M1、M3 产生的顺时针反作用力（反扭矩）相抵消，飞机机身就会保持稳定不自转。

不仅如此，多轴飞机的前后左右或是旋转飞行也都是靠多个螺旋桨的转速控制来实现的：

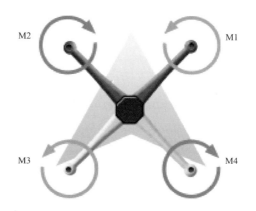

图 1-24 多旋翼无人机飞行原理示意图

（1）垂直升降。当飞机需要升高高度时，四个螺旋桨同时加速旋转，升力加大，飞机就会上升。当飞机需要降低高度时，四个螺旋桨会同时降低转速，飞机也就下降。

（2）原地旋转。当无人机各个电机转速相同，飞机的反扭矩被抵消，不会发生转动。但是当飞机要原地旋转时，就可以利用这种反扭矩，M2、M4 两个顺时针旋转的电机转速增加，M1、M3 两个逆时针旋转的电机转速降低，由于反扭矩影响，飞机就会产生逆时针方向的旋转，如图 1-25 所示。

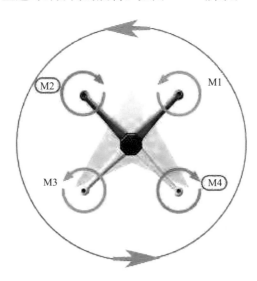

图 1-25 多旋翼无人机原地旋转示意图

（3）水平移动。当需要按照三角箭头方向前进时，M3、M4 电机螺旋桨会提高转速，同时 M1、M2 电机螺旋桨降低转速，由于飞机后部的升力大于飞机前部，飞机的姿态会向前倾斜，如图 1－26 所示。

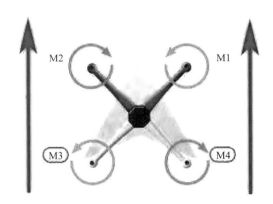

图 1－26　多旋翼无人机水平移动俯视图

　　倾斜时的侧面平视如图 1－27 所示，这时螺旋桨产生的升力除了在竖直方向上抵消飞机重力外，还在水平方向上有一个分力，这个分力就让飞机有了水平方向上的加速度，飞机也因而能向前飞行。

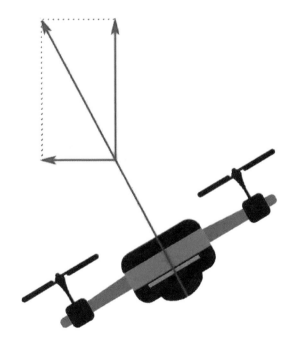

图 1－27　多旋翼无人机水平移动侧面平视图

　　相反地，当 M1、M2 电机加速，M3、M4 电机减速时，飞机就会向后倾斜，从而向后飞行。同理可得：当 M1、M4 电机加速，M2、M3 电机减速时，飞机向左倾斜，从而向左飞行；当 M1、M4 电机减速，M2、M3 电机加速时，飞机向右倾斜，从而向右飞行。

二、固定翼无人机飞行原理

固定翼飞机飞行时承受的四种作用力如图 1-28 所示，分别为 A 升力、B 推力、C 重力、D 阻力。

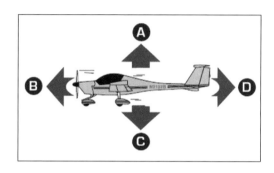

图 1-28　固定翼飞机飞行原理示意图

（1）飞机的偏转运动如图 1-29 所示，A 为副翼降下，升力增加；B 为副翼升起，升力下降。

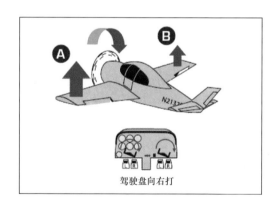

图 1-29　飞机偏转

（2）飞机的上升与下降如图 1-30 所示，A 为机尾运动（向下），飞机上升，B 为机尾下降，机头升起。

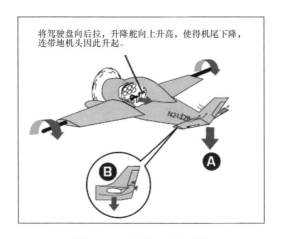

将驾驶盘向后拉，升降舵向上升高，使得机尾下降，连带地机头因此升起。

图 1-30　飞机上升与下降

三、无人机起降方式

由于机型的不同，无人机的起降方式也不尽相同，分为发射方式和回收方式。

1. 发射方式

（1）手抛，采用人力手抛掷起飞，如图 1-31 所示，一般多用于微型无人机。

图 1-31　手抛式起飞

（2）弹射，采用压缩空气或橡皮筋等储能发射无人机，如图 1-32 所示，一般多用于轻、微型无人机。

（3）投放发射，采用母机挂载发射方式或投抛方式发射无人机，一般用于小、轻型无人机。

图 1-32 弹射式起飞

（4）滑跑起飞，采用跑道滑跑方式起飞，如图 1-33 所示，一般用于大、小型无人机。

图 1-33 滑跑式起飞

2. 回收方式

（1）伞降回收，利用机载降落伞回收无人机，如图 1-34 所示，一般用于小、轻、微型无人机。

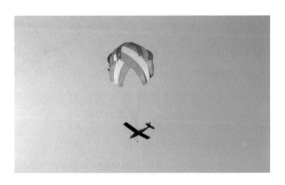

图 1-34 伞降式回收

（2）撞网回收，利用地面回收网，引导无人机撞网回收，如图 1 - 35 所示，一般用于轻、微型无人机。

图 1 - 35　撞网式回收

（3）气囊回收，利用机载气囊装置回收无人机，一般用于微型无人机。

（4）滑跑降落，利用地面跑道滑跑降落，一般用于大、小型无人机。

第四节　输电线路无人机巡检

一、传统的输电线路巡检

输电线路巡检工作的目标是有效消除可能的隐患或损失，保障电网运行安全，进而降低成本、提高工作绩效的高效管理。传统的输电线路巡检主要是由工作人员到线路现场人工目测，巡检效率低，劳动强度大，且存在巡检盲区。特别是越山、跨江线路，地势险峻，路途崎岖，巡检难度大。因此，用传统的手段对输电线路实施巡检，已经不适应电网发展和现代化管理的需要。具体体现在：

（1）不能随时掌握巡检员执勤的到位情况。无法有效地保证巡检工作人员按计划要求，按时按周期对所有的线路展开巡察，使巡检工作的质量和线路状态及设施运行数据的真实性无法得到保证。

（2）不能及时掌握隐患情况及跟踪管理。很多重大事故都是因为隐患得不到及时解决或解决不彻底而造成的，缺乏有效跟踪复查隐患处理的平台，导致巡检发现输电线及设施的隐患无法有效跟踪。

（3）不能真实掌握危及输电线和附属设施安全运行的状况及可靠的记录存档。目前，大多巡检仍在使用手写报告记录的方式记录巡检信息。抢修抢险过程以纸张手写记录，不仅信息不全面，而且随意性较大。这种方式费工、保存不便。如果录入电脑存档，又存在数据丢失、录入错误的问题，耗工费时且很难全面体现真实情况。

（4）不利于进行数字化分析管理和辅助决策的实施。巡线前，要准备巡线任务单和操作程序卡；巡线中发现设备缺陷，又要填写危险点及安全措施单据等记录单，不仅工作繁琐，而且对发现的线路隐患及故障无法进行有效的分类统计分析、线路和附属设施的运行状况、运行参数等历史数据无法有效地被利用，不易查询，对隐患类型、设备缺陷的分析，乃至具有季节性、阶段性的工作重点，都无法进行有效到位的安排。

（5）不利于及时抢修任务分派和就近调度。当发生事故或抢险任务时，抢修应急反应速度无法考核，无法掌握事故处理细节，不利于产出有效的跟踪分析，提高各项应急处理效能。

（6）不利于实施巡视检修。特别是在偏远的山区，由于大多数线路设施位于群山之中，杆塔位置偏僻且路途遥远、植被淹没运行小道、野兽出没多发；如果工作人员对地形不熟悉，时常会迷失巡线方向；有时深入通信盲区时，经常难以准确掌握巡线组方位和情况，万一遇到紧急情况，后果不堪设想。巡视人员还要攀爬铁塔、带电登高作业等，导致人工巡线劳动强度大、危险性较高、工作效率较低等。

所以，面对电网规模不断扩张，长距离跨区域输电线路增长迅速的态势和复杂地势输电线路日常运行维护、检修、故障探测及带电作业的特殊性，迫切需要发展智能巡检技术。

二、基于无人机的输电线路巡检

为提高输电线路巡检质量，解决山高、路险，地势崎岖区域巡线困难的现状，国家电网公司不断地开发和研制智能巡线技术，以适应各种环境条件下的应用。

1. 固定翼飞机巡检

固定翼飞机智能巡检是通过固定翼飞机（见图 1－36）完成，包括机载高清可见光摄像机、全数字动态红外热像仪、紫外成像仪、差分 GPS 定位仪、飞行姿态检测仪等设备及智能巡检软件系统，通过高清拍摄、定时拍照，对输电导地线、金具、绝缘子及铁塔锈蚀和污秽情况进行监测，即时诊断线路本体存在的各类缺陷以及测量线路交叉跨越距离等数据，并将画面实时传送至地面控制台，由专业技术人员分析判别生成巡检报告。

图 1 - 36　固定翼飞机

与人工巡线相比，固定翼飞机巡检可以沿导线飞行，离铁塔距离最近可达 100～200m，能全方位地了解线路设施装备的运行情况，发现如铁塔塔顶锈蚀、导线上的雷击点、导线或地线断股等地面目测观察难以发现的缺陷。采用固定翼无人机全面巡检 500kV 线路是对目前人工地面巡线的有效补充。

另外，巡检不但减少地面生态植被破坏，还可以大大降低人工地面巡线劳动强度，国网黑龙江省电力有限公司采用固定翼飞机试飞巡线的试验数据显示，人工巡检 28 天的工作，采用直升机 4 天就可以完成，达到了减轻人员的作业危险性，提高工作效率的目的。

固定翼飞机巡检虽然具有长航时、准确、高效等优点，但在起降场地、周边环境、空域申请、人员配置等方面也受到极大的制约。

2. 多旋翼无人机巡检

目前，由于固定翼巡检价格比较昂贵，费用支出较高，在未来智能电网巡检中，可首先选用多旋翼无人机巡检系统，如图 1 - 37 所示。采用智能电力线路无人多旋翼飞行巡检系统，在带电线路上已经试飞成功。它体积小，行动灵活，巡检费用较固定翼耗资低。无人多旋翼飞行巡检系统可以定点悬停在目标的任何位置，灵活轻便，高效安全且不受地形限制，必将成为架空高压输电线路巡检现代化的理想工具。

智能线路无人机巡检系统分为无人多旋翼平台和检测系统两部分，无人多旋翼平台负责完成飞行任务；检测系统负责完成输电线路和杆塔的检测。实现了一键式自主升降、航线自动跟踪、轨迹实时展示、三维程控飞行、可见光与红外双重测试、自动巡检、多路双向同步传输、安全预警策略、红外热图分析等九大

图 1-37 多旋翼无人机

功能。

　　该系统可对 66～500kV 输电线路巡检，每次飞行时间可达近 1h，时速 20km。每飞 4 个架次相当于出动 10 名巡线员一整天的工作量，而且不受地理环境的限制，可对输电线路进行快速、重点范围巡检；如发现异常，使用无人多旋翼巡检系统前往异常点精细巡检；对于检测到的缺陷，无人多旋翼飞机将搭载线路作业机器人开展消缺工作。按照预设的三维度对输电线路、铁塔进行拍照和视频拍摄，并将检测到的数据和图像实时传输到地面测控车的监控后台上，依照电力公司对电力设备巡检管理的要求，针对电力设备安全运行工作需要而开发的电力设备运行管理一体化系统，实现了电力巡检以规范标准为核心的信息化管理模式，它将电力设备的整个运行过程管理有机地结合在一起，同时各个原本分散的生产流程自动连接，能够前后连贯地进行，而不会出现脱节。

　　在巡检过程中可以利用智能无人机巡检系统对输电线路进行实时的监控，这样不仅可以准确地保证巡检工作的完成率，还可以很方便地在巡检 PDA 上准确记录线路缺陷。现在 GPS 系统已经可以很精确地记录下当前位置。

　　这种输电线路多维度巡检作业模式，将极大地提升线路运行维护智能化水平，大大提高输电线路供电可靠性，减少运维人员，提高运维效率，降低运维成本。因此，应用前景比较广阔。

三、现阶段输电线路巡检的概况

　　根据相关机构的报告，中国的电力传输线路将从 2017 年的 125 万 km 增加到 2020 年的 159 万 km。这个增长数字将占据 2017～2020 年世界范围内的新建传输线路的 48%，位居所有国家之首，而第二位和第三位的印度和巴西只有 21.6% 和 4.9%。

传统的人工巡线方式需要 20 个巡线员工工作一天才能检查完 100km 的线路。这将面临巡线能力不足，同时还伴随着潜在的人身安全问题。再有极端天气比如雪灾之后的复杂路况，更给巡线工作造成了困难。

对输电线路进行定期巡视检查，随时掌握和了解输电线路的运行情况以及线路周围环境和线路保护区的变化情况，是供电企业一项繁重的日常工作。人工巡检是一种传统的巡检方式，也是目前输电线路巡检的主要方式。由于输电线路走廊地形环境复杂，在一些条件恶劣如跨江跨河或高山峻岭地区，沿线部分区段几乎没有巡视道路，这种巡检方式劳动强度大、工作条件艰苦，输电线路的运行情况得不到及时反馈。

无人机巡检作为一种使用可见光及红外热像仪等巡检设备对输电线路进行巡视检查的全新巡检技术，具有迅速快捷、工作效率高、不受地域影响、巡检质量高、安全性高等优点。据统计，运用无人机进行缺陷识别，杆塔瓶口及以上位置、人工难以发现的缺陷占比 78.5%。设备本体巡检效率和质量显著提高，并且极大降低了劳动强度，提升了巡检效率，确保了对电力设备状态的运行维护能力。因此，无人机的应用是线路巡检智能化发展的有效解决方案。

国家电网公司已将无人机巡检作业纳入输电线路精益化考核指标中。截至2017 年底，公司系统各单位共配有各类型无人机 1800 余架，2017 年度无人机累计巡检杆塔超过 21 万基，累计发现缺陷超过 5 万余处；按照缺陷位置划分，以杆塔瓶口及以上位置线路设备及附属设施缺陷为主，占 75.8%；按照缺陷等级划分，以一般缺陷为主，占 87.2%；按照缺陷类型划分，以金具类缺陷为主，占 42.7%。公司系统各单位广泛应用无人机开展线路巡检，在 G20 峰会、金砖会议、全运会和党的十九大保电工作中发挥了突出作用，无人机巡检已成为输电线路运维不可或缺的手段。

第二章　高寒地区多旋翼无人机巡检特点

第一节　高寒地区输电线路巡检特点

一、高寒地区的气候特点

高寒地区由于终年太阳辐射相对较少，气候寒冷，形成地球表面的主要寒冷地带。其气候主要有亚寒带针叶林气候、极地气候等。亚寒带针叶林气候又叫副极地大陆性气候，由于空气中水汽含量不多，蒸发又弱，所以仍属于湿润气候。东西延伸成宽广带状，冬季漫长严寒，月平均气温在 0℃ 以下；夏季短促温暖，月平均气温在 10℃ 以上，气温年较差大。年降水量为 300～600mm，相对湿度较高。为极地大陆气团源地且纬度高，冬季黑夜时间长，正午太阳高度角小，积雪覆盖，地面辐射冷却剧烈，不受海洋气团调节。

以黑龙江省为例，黑龙江位于欧亚大陆东部、太平洋西岸、中国最东北部，气候为温带大陆性季风气候。从 1961～1990 年 30 年的平均状况看，全省年平均气温多在 −5～5℃ 之间，由南向北降低，大致以嫩江、伊春一线为 0℃ 等值线。不小于 10℃ 积温在 1800～2800℃ 之间，平原地区每增高 1 个纬度，积温减少 100℃ 左右；山区每升高 100m，积温减少 100～170℃。无霜冻期全省平均介于 100～150 天之间，南部和东部在 140～150 天之间。大部分地区初霜冻在 9 月下旬出现，终霜冻在 4 月下旬至 5 月上旬结束。

二、高寒地区输电线路人工巡检特点

在高寒地区电网运行过程中，输电线路往往会受到覆冰、冻涨等自然灾害的影响，长期如此不仅会影响电力的输送效率，严重时还会使电力输送系统瘫痪。正是由于这些潜在的危险，巡检人员不仅要仔细地勘察线路的老化问题，还要及时地对有安全隐患的位置进行标记和记录。

由于地处相对高寒地区，工作环境气候恶劣：人员进入巡线现场穿着厚重，行动不便，体力消耗巨大；部分地区积雪常年不化，人员巡视时需手持望远镜观察线路情况，冻伤时有发生；巡检人员步履维艰，工作效率低下，通信信号屏蔽，无法与外界及时联系，随时可能发生意外情况，影响生产安全，这些都是高寒地区输电线路巡检工作开展的实际特点。

第二节　高寒地区无人机运行存在的问题及解决方案

一、高寒地区多旋翼无人机运行存在的问题

1. 低温气候对无人机运行的影响

（1）低温对电池的影响。在冬季寒冷的地区手机如果暴露在低温环境下，电池电量会明显地降低，甚至会触发低电压保护关机而不能使用。这是由于现在用的大部分电池为锂电池，当电池暴露于低于 $-10℃$ 的环境下时，电池的化学物质活性显著降低，其内阻增大导致放电能力降低，电池放电时电压降加大，导致电池电量会在短时内就释放出去。所以当环境温度低于 $-10℃$ 时，宜选择低温放电性能好的电池，在 $-10℃$ 时放电能力不低于 90%。

无人机目前较多用的也是锂电池，电压大幅下降（单电芯低于 3V）会有两大风险：①飞行器动力系统最大推力不足以维持飞行；②电池会主动关机以避免电芯过放。这种特性是锂电池的通病。图 2-1 为锂电池在不同温度下的放电电压曲线。

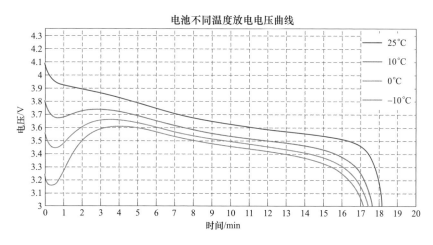

图 2-1　锂电池在不同温度下的放电电压曲线

（2）低温导致传感器运行错误或发生意外。无人机属于高科技机器，配有发动机、传感器和高精度材料。非常低的温度可以影响传感器，例如回转仪和加速计，使它们错误运行或者产生意外。就像鸟一样，在低温环境下，飞行能力也会受影响。相机平衡环被用来保持相机水平或使相机平稳移动，也配有感应器。低温可以让平衡环出现异常表现。如果想要调整异常或避免类似问题，就需要提前在相同的低温条件下校正传感器，而不能继续使用原有的设置。

（3）飞手的操控手感会下降。飞手不戴手套手会因为低温影响手指灵活性不能及时跟上各个舵的反应；戴手套又会影响手感。在飞行 5min 左右时，飞手裸手手指基本都被冻麻，被冻麻的手会严重影响远距离操控飞机，并且很容易碰倒节流阀而不自知，同时也会影响手部用力地感知。

（4）机架的塑料件可能变脆，强度降低。飞机上的塑料件在低温下会变得很脆弱，在这种环境不要做大机动飞行。降落时一定要平稳，降低冲击力。另外，如果在下雪天气进行飞行作业（不建议在此环境下飞行），飞行结束后需对飞行器进行除湿处理，有些时候甚至会结冰。

2. 高寒地区无人机覆冰效应

结冰是自然界的正常现象，在温度低于 0℃ 的环境下，液相的水会自然释放热量而产生结冰现象。结冰现象对于人类的生产生活具有有利的一面，冬天的冰雪能冻死躲藏于地表面的害虫，为来年的作物种植提供良好的土壤环境；经过人工修饰的冰能制作成各种具有艺术气息的冰雕，深受人们喜爱等。

目前来说，除了少数情况下，人们经受的更多是结冰带来的各类危害。比如汽车在冬天低温湿冷环境下行驶时，车窗玻璃易结霜结冰，给驾驶员带来了视觉上的不便，极大地增加了发生交通事故的隐患；大型风场的风力发电机叶片结冰，会导致风力机叶片的翼型发生变化，显著影响风力机的空气动力性能，使其出现故障甚至事故而不能正常工作；架于空中的电线电缆一旦结冰，短时间内其重量会迅速增加，造成线路和支撑基站的过度负载，严重时可能导致电线电缆断裂、基站垮塌等。如 2008 年席卷中国南方的冰雪灾害，因线路覆冰曾使湖南电网 500kV 线路中，倒塔 182 基，变形 75 基，导线断线或受损 159 处等重大损失，这还未包括低于 500kV 线路的破损情况。

无人机的结冰主要与三大因素有关：一是飞机的外形形状（如机翼前缘的几何形状对飞机结冰影响较大）；二是飞机的飞行状态，如飞行姿态、飞行高度、飞行速度等；三是飞行气象条件，如过冷水含量、过冷水滴直径、云层的形状和形式、云层温度等。

当无人机在含有过冷水滴（过冷水滴是非常不稳定的，稍受震动即能冻结成冰的水滴）的云层中飞行时，如果机体表面温度低于0℃，过冷水滴一旦黏附到机体表面就会迅速释放热量聚积成冰。若过冷水滴温度接近0℃，结冰呈现"冻结—蒸发—再冻结"的过程；若过冷水滴较小，温度接近−20℃时，则会直接成冰。

除过冷水滴与机体表面温度影响之外，当飞行速度处于亚音速左右或以下，大气温度在−20℃～0℃，飞行高度在3000～7000m的时候，飞行器更容易结冰。同时，空中云层的形状和形式等气象条件也是影响结冰的关键因素。积云和积雨云通常会造成飞机强结冰，且最强的积冰多见于将要发展成积雨云的高大浓积云的上半部和积雨云成熟阶段的上升气流区；层云和层积云（或高积云）中的结冰通常会形成弱积冰或中积冰，且云上部结冰通常为弱积冰，积冰强度会随高度减弱。

无人机结冰是一种非常严重的危险情况，它会严重破坏无人机的空气动力性能，如机翼和尾翼积冰，会使升力系数下降，阻力系数增加，并可引起无人机抖动，使操纵发生困难；也会降低动力装置效率，甚至产生故障，比如多旋翼无人机的桨叶积冰，会减少拉力，使飞机推力减小；同时，脱落的冰块还可能打坏飞机的运动部件或机体其他结构。

二、针对高寒地区多旋翼无人机运行的解决方案

1. 高寒地区极端气候规避法

当气候条件超过无人机地区在设计飞行时的标准参数范围时，将无法保障飞行器飞行动作受控。应按照飞行运行标准有计划的制定区域内飞行作业时间表，并提前收集区域内的气象气候变化信息，及时调整和更改飞行作业项目，包括作业时间、航线规划、飞行时长、起降场地等。及时有效的规避恶劣天气，避免无人机地区在危险的作业环境下造成不必要的损失。

2. 低温环境下预热保温法

（1）电池预热器。使用电池预热器将使锂离子电池在寒冷的环境下发挥更好的电池性能。将电量达到100％的智能飞行电池装入预热器的电池仓，预热器将在较短的时间内使电池由低温状态恢复至5℃以上。预热过程需时10～15min，将会消耗智能飞行电池大约3％的电量。电池预热器如图2-2所示。

（2）电池保温贴纸。将保温贴纸（见图2-3）粘贴于电池表面，以便起到保温效果。

图 2-2　电池预热器

图 2-3　电池保温贴纸

（3）遥控器保温套。在低温地区飞行，佩戴保温设备如图 2-4 所示，可有效避免飞手在室外低温环境下操控无人机时手指冻僵而无法灵敏快速执行飞行动作的缺陷，使飞手在低温环境下也可从容地操纵无人机执行作业任务。

3. 高寒地区无人飞行器防覆冰

目前飞行器采用的防止覆冰技术主要以防冰和除冰为主。就工作性质来说，防冰一般是通过机体表面材料的特性或者结构的设计使过冷水滴在飞机表面难以结冰，是具有"防止水滴结成冰"这一相对主动性；除冰则是在飞行器表面已经结冰后再用办法使冰脱落或除去，是一种相对"被动"的应对飞机结冰的方式。按照工作方式的不同，又可以将目前传统的飞行器除冰防冰技术细分为机械除

图 2-4　遥控器保温套

冰、液体防冰、热力防冰三类。其中，机械除冰技术又可分为气动带除冰和电脉冲除冰技术；热力防冰技术分别按热源和加热方式又分为电热防冰、气热防冰技术，以及连续防冰和间断除冰技术。

（1）机械除冰技术。即使用机械的办法除去飞机表面的积冰。早期的方法就是在防冰表面放置许多胶管，当表面结冰时，胶管充气膨胀，使冰破碎，然后利用气流把冰吹除（即气动带除冰技术）。目前在飞行器上应用最多的机械除冰系统就是气动除冰系统，它的优点是工作可靠、节省能量，但存在一个致命的弱点，即阻力大，因此不适于高速飞行的飞行器，常用于低速飞行器机翼、尾翼前缘处。而且气动除冰不可能彻底，往往会有一些残冰，也会增加飞行器的阻力，使其缺点更为明显。除交替膨胀胶管外，还可用脉冲激励振动方法除冰（即电脉冲除冰技术），如用超声波使蒙皮高频振动除冰等。

（2）液体防冰技术。其原理是将冰点很低的液体喷洒在结冰部位，使其与过冷水混合后冰点低于飞机表面温度或原过冷水滴的结冰点而阻止结冰。可用作防冰液的有乙烯乙二醇、异丙醇、乙醇等。使用液体防冰技术时，其优点在于不会在部件的防冰表面之后形成冰瘤，而且停止供液后，还具有短时间的防冰作用。该技术多用于风挡、雷达罩、尾翼前缘外表面等部位。但因防冻液耐久性较差，对基材表面会产生一定的腐蚀，且消耗量也一般较大，会使系统重量增加，维护较为麻烦，因此现已相对较少采用。

（3）电热防冰技术。通过电阻升温防止表面结冰，最常见的是风挡、螺旋桨、空速管电热防冰。电防冰的加热方式有连续加热和间断加热两种。对表面不允许结冰或加热耗电功率较小的部件（如风挡、空速管等），常用连续加热的方式；对表面允许少量结冰或加热耗电功率较大的部件（如机翼、尾翼等），常用周期加热的方式。电热防冰由于动力损失小，加热均匀，被广泛采用在现代大型民航客机上。

（4）气热防冰技术：利用热空气加热飞机部件的待防护表面，使防护表面的温度达到过冷水滴的蒸发温度，从而避免过冷水滴在机体表面冻结结冰。防冰热空气多从发动机压气机引气，也可从辅助发动机引气，有的飞机则由废气加热器或燃烧加热器产生。气热防冰系统使用维护简单，工作可靠，但热量利用率较低。

（5）蒸发防冰与流湿防冰技术：又分别称为"干防冰"与"湿防冰"技术，这是按照热力防冰系统对部件防冰表面连续加热时，能否将飞机表面收集的水分全部蒸发来区分。

从应用情况总括来说，始于20世纪30~40年代的气动带除冰和液体防冰技术曾在飞机上有较多的应用，但因膨胀管充气时对飞机空气动力学的影响较大，目前已使用相对不多。而电脉冲除冰技术兴起于20世纪60年代末，由于系统具有重量较轻、耗电功率小、除冰效果良好等特点，不少飞机上现在依然使用该技术。不过，当前飞机上使用最为广泛的却是热力防冰技术，是现代飞行器防冰与除冰技术发展的主流。

4. 无人机抗寒新技术应用

我国某高校高分子科学与工程学系团队研制出新型铝—石墨烯电池。这种电池可以在$-40℃\sim120℃$的环境中工作，如图2-5所示，可谓既耐高温，又抗严寒。在$-30℃$的环境中，这种新型电池能实现1000次充放电性能不减，而在$100℃$的环境中，它能实现4.5万次稳定循环。这种新型电池是柔性的，将它弯折一万次后，容量能完全保持；而且，即使电芯暴露于火焰中也不会起火或爆炸。相比于锂电池，铝—石墨烯电池展现出明显优势：一般电池随着反复充放电，比电容量会不断降低，这就是俗话说的"不耐用"。但这块长相"毫不起

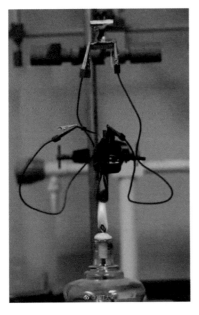

图2-5　铝—石墨烯电池在高温下不燃烧

眼"的铝—石墨烯电池在这一点上则表现优异。如果把一次充电—放电作为一次循环，这种电池经历 25 万次循环，比电容量仍高达 91%，几乎没有损失。课题组的新型电池给我们展示了美好的前景：比如，手机充电数秒就完成，在极寒和高温环境中能自如工作，不用担心电池爆炸，不用担心电池老化。

未来将该技术运用到无人机动力电源上，将大大提高无人机在特殊环境下电能动力的供给能力。同时减轻了无人机电池舱负载，也解决电池预热带来的能源损耗和不便，快速充电提升了无人机作业的机动性；飞行的地域更加广阔，也没有了季节性气候限制，基本可以实现全天候飞行。

但是，目前该电池的正极比容量、输出电压及面负载量还有较大的提升空间，能量密度不足以与锂离子电池相匹敌，今后还需在保持高功率密度的基础上进一步提高能量密度。此外，目前经典的离子液体电解质价格较贵，如果可以找到更廉价的电解质，铝离子电池的商业前景将更宽广。就现阶段而言，这种新型电池距离真正商业化还面临很大的挑战，需要更多科学家的努力和投入才能实现。

第三节　高寒地区多旋翼无人机巡检应用

一、普通无人机在低温时的使用办法

（1）飞行前，务必将电池充满电，保证电池处于高电压状态。

（2）在运输过程中应采用恒温功能的无人机保温舱，保障运输过程中无人机电池电量无衰减。

（3）将电池充分预热至 25℃ 以上，降低电池内阻。建议使用电池预热器，对电池进行预热。

（4）起飞后保持飞机悬停 1min 左右，让电池利用内部发热，让自身充分预热，降低电池内阻。

绝大多数普通无人机设计时并没有考虑应对低温天气，即使后期采取了一定的措施也不能避免普通无人机的飞行风险。所以针对普通的无人机除非特殊需要最好采取规避法，及时有效的规避恶劣天气，避免无人飞行器在危险的作业环境下造成不必要的损失。无人机价值较高，摔机或者炸机轻则伤机、重则伤人，冬季飞行一定要将飞行安全作为重中之重。

二、低温飞行测试

在高寒低温下高速飞行对无人机来说是个难点，操纵时杆量不宜过大，因为推杆过猛过大会使电池电能瞬间大量消耗、电压骤降，导致出现动作延迟甚至炸机的危险。一架无人机的良好机动性不仅展现在提速快、速度高，还表现在优秀的稳定性上。针对低温环境，某公司开发了具有电池预热功能的无人机，为了测试该无人机在低温环境下的性能和耐用性，我们在严冬季节进行了一些对无人机的测试，包括快速拉升、低空高速飞行、快速刹车、风中悬停，以及一般无人机不敢尝试的——全速俯冲。

1. 快速拉升

显示终端记录的数据显示水平速度在一瞬间提升到 40km/h，爬升（纵向）速度瞬间提升到 6.0m/s，不仅起飞动力强劲，飞行也相当平稳，得到的画面很平滑，没有出现抖动等亏电表现。

2. 低空高速飞行

水平高速飞行的同时，飞机能在垂直方向保持不动，飞机轻松达到 85km/h。飞机在离地面 1.5m 的低空全速前进，记录的数据显示水平提速到 85km/h 用时 6s，全程最大速度 90km/h。

3. 极速手动刹车

飞机不仅需要飞得快而且在碰撞障碍物前还要能刹得、停得下，这样才能保证飞行安全。高速手动刹车时，飞机可以反映迅速、平稳地停在障碍物前方，录屏画面显示飞机拍摄得到的画面十分稳定。

4. 风中悬停

在寒风中悬停可以同时考验无人机的机动能力和稳定能力，当严寒冬季极低的气温和北方凛冽寒风下，经过抗寒处理的无人机在大风中稳如磐石。为了使测试更加全面，加大难度让飞机在风中原地做自旋动作，并观察飞行器，发现飞行器位置只发生了极小的偏移。

5. 全速俯冲

测试一个最能展现无人机综合实力的动作：全速俯冲。俯冲时首先看水平、垂直方向能否同时加速到最大，另外看无人机能否在提速后刹住，否则非常危险，一般无人机不敢在此环境条件下做这个动作。试验无人机在俯冲过程中，因为动力有限，纵向速度增长的同时水平速度会不变甚至减小；而且实际上正是由于普通无人机无法在高速时快速刹车，很少用它做俯冲；经过抗寒处理的无人机在俯冲时，向下加速的同时水平保持加速，总速度始终处于提升状态。水平维持在 90km/h 左右（最高达到 94.4km/h）；下降维持在 9.0m/s 左右（最高达9.0m/s）。达到某无人机官网公布的最大水平速度 94km/h 和最大下降速度9.0m/s，更关键的是在达到最大速度以后它能够快速、平稳的收住，可见经过抗寒处理后的无人机动力的确是有相当大的提升。

三、针对低温飞行的一些建议

在高寒地区针对各种气候条件进行无人机飞行训练，尤其在风雪天气下进行飞行训练，需要掌握在高寒地区进行飞行作业时对无人机的操控技能，积累高寒地区飞行作业经验如下：

（1）起飞前，确保遥控器、飞行器及监看设备处于满电状态。

（2）注意观察飞行器电池温度，温度在 -10℃ 以下时，电池禁止使用。电池温度在 -10℃～5℃ 时，起飞后需要保持低空悬停状态，对电池进行预热，当温度达到 5℃ 以上时，才可以正常飞行。需要注意的是，如果环境温度过低（例如低于 -20℃），可能无法通过低空悬停对电池进行预热，应采用预热器等其他方法使电池温度达到 5℃ 以上。电池的最佳使用温度为 20℃，所以应尽量使电池温度到达 20℃～25℃ 以后，再进行正常飞行。

（3）使用电池保温贴纸或其他保温措施。选择低温放电性能好的电池，-10℃ 时放电能力不低于 90%。

（4）切忌贪飞，建议将低电量报警设为 50%，由于在低温环境中，电压下降会非常快，报警后应尽快进行返航操作。

（5）注意杆量，尽量不要长时间大杆量操作。

（6）如果在下雪天气进行了飞行拍摄（一般飞行器不建议在此环境下飞行），飞行结束后需对飞行器进行除湿处理，有些时候甚至会结冰。处理方式为用质地较好的餐巾纸进行包裹吸取水分，并且时刻观察，防止液体进入飞行器内部。

（7）在严重低电压情况下，飞机会出现迫降（注意：不同于一级低电量报警，严重低电量报警后的下降是不可以在 APP 中取消的），此时将油门杆保持在中位，飞行器是无法悬停的。遇到此类情况，一定要保持镇静，下降过程中，飞行器仍处在可控状态，可以通过向上推油门使飞行器保持悬停或缓慢上升（在此过程中即使油门杆最大，飞机上升的速度也只有 1m/s），通过操作方向杆控制飞行方向，将飞机控制到安全地带降落。

第三章　巡检系统技能培训

将无人机应用到电力巡检中有极其重要的意义。传统人工巡检方式存在受巡检地形和视角限制、人员安全无法保障、巡检结果判定受人为因素影响等方面的问题。通过引入无人机来进行巡线，既可以提高工作效率、保证人员安全，又可以制定一个统一的量化标准，实现标准化作业。

第一节　培训方法流程

一、培训标准分类

随着无人机在电力领域的广泛应用，培训工作日益繁忙，要根据培训对象制定培训目标，结合学员自身素质和现阶段掌握技能的程度来培训其飞巡技能。按照学员现阶段技能水平，采取三级培训标准的方式（初级巡视培训、日常巡视培训、精细化巡视培训），使学员达到初级飞手、中级飞手、精英飞手的相关要求。

（1）初级飞手。通过培训使学员能独立完成输电线路通道巡视和重要交跨点拍摄任务的考核，培训学员理论知识学习 20 课时和模拟器飞行训练 40 课时，建立有序飞行理念，形成控制无人机的基本意识及条件反射，再加以实机训练 100 课时，掌握单飞技巧。

（2）中级飞手。通过培训学员能独立完成输电线路本体和附属设施及通道巡视的考核。满足线路日常巡视标准，培训学员通过理论知识学习 20 课时和模拟器训练 40 课时、实机指定动作训练 100 课时，指定航线飞行训练 40 课时，掌握单飞技巧，

（3）精英级飞手。通过培训熟知飞行理论知识，熟练掌握各项线路飞巡技巧，能处理日常线路巡视任务及线路故障特巡任务，能组织执行标准化电力线路无人机巡检等工作，包括无人机红外测温和变焦设备及 RTK 设备的使用与维护，并具备无人机应急处理能力。培训学员通过理论知识学习 20 课时和模拟器训练

40 课时、实机指定动作训练 100 课时，指定航线飞行训练 40 课时，超视距飞行训练 60 课时，地面站规划飞行训练 40 课时。

以上培训经由国家电网公司认可的培训机构（见图 3-1）考核合格并颁发证书。

图 3-1 国家电网公司认可的培训机构

二、培训通用流程

无人机驾驶员的训练方法因培训机构不同而略有不同，但根据无人机自身的特点，其飞行训练方法又基本相同，大体是理论培训与模拟器飞行训练同步进行，模拟器飞行训练和训练机飞行训练穿插进行。以下细则为输电线路无人机培训通用，依据学员技能掌握程度进行阶段式培训及考核。

1. 理论知识培训

首先要对无人机的相关法律法规及系统概述等理论知识进授课。讲课一般会采用启发式、导学式和讨论式，引导学员理解教学内容，启发学员自己思考和研究问题，提高分析问题和解决问题的能力，使学员尽快学会理论基础知识，为下一阶段的飞行训练打下坚实的基础。

2. 模拟器飞行训练

在理论知识培训的同时，教员应教授模拟器的安装，并对模拟器的使用进行讲解，如图 3-2 所示。学员通过模拟器进行模拟飞行练习，以提高飞行水平。模拟器训练是飞行准备的重要环节。通过模拟器对每个动作较形象地模拟练习，起到促进飞行技能提升和技术熟练的重要作用。在模拟器训练时，主要采取以下训练方法：

图 3 - 2　模拟器飞行训练

（1）示范演练。学员初学飞行或进入新课目、新练习、准备新内容，教员通常要给学员做示范演练。每种训练方法，重点练习什么内容都要给学员讲清楚，每一个飞行动作都要示范一遍，要让学员对飞行动作有更清楚和直观的认识。

（2）辅导训练。学员演练过程中，教员通过观察学员的训练情况，不断地给予辅导，及时纠正学员在模拟器训练过程中出现的问题。

（3）小组训练。把学员分成几个小组后，分组进行训练，通过相互交流经验，从而达到提高自身训练水平的目的。

（4）个人训练。学员可根据教员讲课内容和要求，根据自己飞行中存在的错误和重点、难点问题进行个人单独训练，通过多次反复地练习，从而纠正训练中出现的错误并克服训练中遇到的困难。

（5）考核。教员根据学员训练的实际情况，通过对每一个学员进行考核，了解学员的模拟器飞行水平，安排下一阶段的培训计划，并及时纠正学员模拟器飞行中出现的问题，从而达到提高学员模拟器飞行水平的目的。

3. 训练机飞行训练

到达一定水平后就应穿插进行训练机训练，如图 3 - 3 所示。训练机训练应持续到本次培训结束，训练机训练分示范、带飞和单飞三个阶段。训练机的教学流程如下：

（1）示范。由教员规范做出飞行动作，让学员观察飞行状态、运动轨迹的变化，体会操纵要领，并建立准确的飞行印象。学员经过理论知识学习和模拟器训练，对某一飞行动作，虽然已经有了初步印象，但是这种印象是孤立的、静止

图 3-3 训练机飞行训练

的、不完善的，不能完全反映出空中的实际情况。模拟器虽然可以比较形象地演示空中飞行状态的各种变化，也能使学员体会到一些操纵动作与飞行状态之间的关联，缩短了地面与空中之间的差距，但不能完全代替空中飞行训练。所以，带飞过程中仍须通过教员的示范，把飞行状态、运动轨迹的变化，舵量、油门的正确操纵方法，真实地给学员显示出来，使学员建立起对某一动作的正确印象，这样才能使学员掌握该飞行动作。示范通常分为全面示范、重点示范、对比示范等几种方式。

1）全面示范。是指教员对某一飞行练习的全部飞行动作或某一飞行动作的全部过程示范。全面示范可以让学员更加直观、准确地了解整个飞行动作，对学员接下来的飞行训练有很大的帮助。

2）重点示范。是指教员对某一飞行练习的部分飞行动作或某一飞行动作的部分内容进行示范。重点示范通常是学员在某一个飞行动作上遇到了困难，教员通过多次反复示范，帮助学员渡过难关。

3）对比示范。是既按正确的操纵方法做示范，又在不危及飞行安全的前提下有意识地做偏差动作，并示范修正方法。对比示范主要是为了纠正学员的错误动作，通过对比的方式，使学员更加深刻地认识到问题的所在，从而改正错误的动作，提高自己的飞行信心。

（2）教员带飞。带飞是教员直接向学员传授飞行技术的一种手段，如图 3-4 所示。带飞是为了使学员尽快掌握飞行技术，学会单独驾驶无人机，并为单飞后飞行技术的巩固和提高打下扎实的基础。带飞有利于增强学员的信心，迅速提高飞行水平，并且可以减少训练中的损失。

放手是教员在带飞中根据需要让学员单独操纵飞机的一种方法，如图 3-5 所示。其目的在于给学员亲自实践的机会，使学员在自己操纵的过程中积累经

图 3-4　教员带飞

验，摸索规律，体会要领，掌握技术。同时，也能使教员通过放手检查判断学员
对飞行技术的掌握情况，发现学员飞行中的问题，以便进一步帮助解决。放手，
通常分为限量放手、局部放手和全面放手。

图 3-5　放手

1）限量放手。就是教员放手让学员做一些飞行动作，限制在一定范围内。
限量放手主要是为了让学员体验飞行，逐渐找到飞行的感觉，是学员实际操控无
人机的开始。

2）局部放手。是对某一飞行练习的部分飞行动作或只对某一飞行动作的部
分内容放手让学员去做。局部放手是为了让学员体会每个动作的要领，增加学员
的实际飞行时间。

3）全面放手。是对某一飞行练习的全部动作进行放手。全面放手说明学员
已逐步掌握每一个飞行动作。经掌握基本飞行要领，飞行水平达到了一定的程
度，基本上具备了单飞的能力。全面放手是带飞到单飞的过渡阶段，也是单飞前
的最后一个阶段。

（3）学员单飞。在学员达到教员认可的飞行水平时，可以由教员签字授权其进行练习机单飞，如图3-6所示。巡检技术培训为了提升作业人员操作水平，培养一批能独立使用无人机进行巡检的作业人员，必须对已取得无人机驾驶员合格证的巡检作业人员进行专业考核，使其熟悉巡检用无人机的系统特性、无人机巡检作业任务流程等，以完成巡检作业任务，并提高无人机巡检作业质量。

图3-6　学员单飞

第二节　巡检技术培训

巡检技术培训内容包括无人机系统特性培训、实际应用培训及应急飞行培训等。

一、无人机系统特性培训

无人机系统特性培训主要是让学员了解实际用于巡线的无人机系统的飞行特性、无人机地面站特性以及云台特性，主要包括以下几个方面。

（1）无人机的结构组成。

（2）无人机的起飞和着陆要求。

（3）无人机性能，包括①飞行速度；②机型和最大爬升率；③机型和最大转弯率；④其他有关性能参数（例如风，结冰、降水，无人机最大续航能力）；⑤通信、导航和监视功能。

（4）航空安全通信频率和设备，包括①空中交通管制通信，任务备用通信手段；②指令与控制数据链路，无人机驾驶员和无人机地面站操作员之间的通信。

（5）无人机地面站的特性。指挥与任务规划是无人机地面站的主要功能，无人机地面站，即任务规划与控制站。在规模较大的无人机系统中，可以有若干个控制站，这些不同功能的控制站通过通信设备连接起来，构成无人机地面站系统。无人机地面站系统的功能通常包括指挥调度、任务规划、工作规划控制、显示记录等。指挥调度功能主要包括上级指令接收、系统之间联系；任务规划功能主要包括飞行航线规划与重新规划；工作规划控制功能主要包括起降操纵、飞行控制操作、任务载荷操作、数据控制等；显示记录功能主要包括飞行状态参数显示与记录、航迹显示记录。

（6）云台特性，是指云台的图像采集和视频传输的特性，包括图像采集的时间间隔、采集图像的分辨率、传输视频的分辨率等。

二、实际应用培训

实际应用培训主要分为两个阶段：第一阶段是基础知识培训，主要包括杆塔的类型、图像的诊断和分析等；第二阶段则是实践操作，由教员指出其中的不足，多次重复强化训练。

1. 基础知识培训

基础知识培训主要是通过授课的方式，如图3-7所示，以教员讲解为主，师生互动为辅，让学员了解无人机巡检作业的一些基础知识，为以后的无人机巡检作业打下坚实的基础。

图3-7　基础知识培训

（1）巡检对象。在进行无人机巡检作业之前，首先要通过基础知识的培训对巡检对象有深刻的了解，通过教员对巡检对象的讲解，让学员了解巡检对象有哪些、不同的巡检对象应该采用什么样的巡检方式、需要采集什么样的图像等。

（2）图像的诊断与分析。图像的诊断与分析如图3-8、图3-9所示，是巡检作业的最后一环，也是最重要的一环，它直接关系到巡检作业质量的高低。因此，图像的诊断与分析也是教员授课的重点。通过对比分析正常图像和有缺陷的图像之间的差别，提高图像诊断的准确率，找出故障并形成分析报告，从而提高巡检作业的质量。

图 3-8　图像的诊断与分析（一）

图 3-9　图像的诊断与分析（二）

2. 实践操作

实践操作完全模拟无人机巡检作业流程，如图 3-10 所示。在教员的指导下，通过多次强化练习，巡检人员能够熟练地完成无人机巡检作业。实践操作的目的是为了让学员能够在以后的无人机巡检作业中更好地完成任务,提高无人机巡检作业水平。在无人机巡检作业流程中,巡检人员首先要编辑这次巡检任务的航线,设定本次飞行的应急返航点、装备机的飞行参数、云台的拍照方式等内容,然后手动控制无人机起飞,并按照设定的航线进行有序飞行。在飞行过程中,时刻观察无人机飞行状态,并通过云台显示单元观察云台采集的图像信息,在无人机云台采集完需要的图像和视频信息后,巡检人员控制无人机按照设定的航线返航,并控制无人机降落。这是一次最基本的巡检作业流程。实践操作按照巡检作业流程可以分为无人机日常巡检飞行培训、无人机地面站的培训、装备机云台的操控培训以及模拟无人机巡检作业四部分。

图 3-10　实践操作

(1)无人机日常巡检飞行培训。主要包括手动起降、地面设定航点、自主航点飞行、云台控制训练,训练可提高学员对无人机的控制、巡检作业认识及团队合作能力。无人机日常巡检飞行培训是巡检作业最重要的一部分,通过无人机日常飞行培训,巡检人员基本掌握无人机的飞行技能,为巡检作业打下坚实的基础。

(2)无人机地面站的培训。装备机地面站如图 3-11 所示,其培训主要包括飞行状态参数查看、飞行参数设置、飞行航点规划以及通过地面站控制飞机飞行,即将在无人机系统特性培训中所学到的无人机地面站知识应用到实践中去,使学员在通过无人机地面站培训后能够更好地完成无人机巡检作业。

(3)装备机云台的操控培训。装备机云台的操控培训是让学员熟悉云台的控制和使用,主要包括云台显控单元设置、云台采集图像参数设置,通过培训使学员能够采集到清晰的杆塔和线路图像,以便于分析并找出杆塔和线路的故障点。

图 3-11　无人机地面站

（4）模拟无人机巡检作业。当学员完成上面三项培训后，可在教员的指导下进行模拟巡检作业训练：以机组为单位，每个机组按照教员的要求轮流进行。在这个过程中，通过多次反复的优化练习，使学员熟练掌握整个模拟巡检作业流程。下面介绍几种典型杆塔的小型旋翼机巡检作业流程。

1）220kV 双回转角塔小型旋翼机巡检作业流程如下：

a. 在地面站设定本次飞行的应急返航点、装备机载的飞行参数、云台的拍照方式等内容。

b. 无人机在合适位置起飞（2m×2m），对杆塔的塔号牌和基础设施分别拍照。

c. 缓慢上升至右侧下相横担水平位置，缓慢侧移，依照小号到大号的顺序对绝缘子挂点金具各拍照 2 张。

d. 上升高度对右侧中相绝缘子各挂点金具各拍照 2 张。

e. 上升高度对右侧上相绝缘子各挂点金具拍照，对右侧地线挂点金具各拍照 2 张。

f. 升高飞机高出塔顶约 10m 翻越杆塔，至左侧横担，略降高度，对左侧的线挂点金具及上相瓷绝缘子及其跳线挂点金具各拍照 2 张。

g. 下降高度对左侧中相绝缘子各挂点金具各拍照 2 张。

h. 下降至下相绝缘子各挂点金具各拍照 2 张。

i. 最后升高高度（比塔至少高 20m）一键返航（注：对目标点拍照距离约为 5～8m，选择顺光、角度较好的位置：地线挂点金具、每个绝缘子挂点金具 2 张，共形成 48 张照片）。

2）220kV 耐张（转角）塔小型旋翼机巡检作业流程如下：

a. 在地面站设定本次飞行的应急返航点、装备机的飞行参数、云台的拍照方式等内容。

b. 在合适位置无人机起飞（2m×2m），对杆塔的塔号牌和基础各拍照 2 张。

c. 缓慢上升到右相横担位置，对跳线绝缘子上、下挂点金具各拍 2 张；对铁塔侧绝缘子挂点拍照；平移飞机，对小号侧绝缘子与导线挂点金具拍照，再对大号侧绝缘子与导线挂点金具各拍照 2 张。

d. 上升至右侧地线支架，对地线挂点金具各拍照 2 张。

e. 翻越杆塔至另侧，缓慢下降至地线挂点金具齐平位置，对右侧地线挂点金具各拍照 2 张。

f. 缓慢下降至中相位置、按步骤 c 中所介绍的，对中相绝缘子及其跳线绝缘子的各挂点金具各拍照 2 张。

g. 按步骤 c 中所介绍的，对左相绝缘子各金具挂点各拍照 2 张。

h. 最后升高高度（比塔至少高 20m）一键返航（注：对目标点拍照距离约为 8~10m，最近距离不可少于 5m，选择顺光、角度较好的位置：地线挂点金具、每个绝缘子挂点金具 2 张，共形成 34 张照片）。

第三节　应急飞行培训

一、应急飞行培训方法

首先通过提问引入主题，例如突发故障无人机坠毁，如图 3-12 所示。

1. 启发学员重视安全意识

（1）通过实际案例启发学员对无人机突发故障的重视，确保飞行安全。

（2）通过实际案例使学员注意力转移到应急飞行重要性的主题上。

2. 延伸主题，展示图片

（1）用事实说明不重视的后果。

（2）展示效果图，佐证后果，适时提问增加互动，激发学员渴望学习应急飞行注意事项的兴趣。

3. 讲解主题，强化记忆，加以总结

（1）讲解应急飞行培训的注意事项及知识点。

（2）巩固记忆，重视安全。列举实际案例，如无人机空中起火坠落（见

图 3‑13），加深学员印象。

图 3‑12　突发故障无人机坠毁场景

图 3‑13　无人机空中起火坠落

二、应急飞行培训内容

应急飞行培训内容主要是针对装备机发生故障时的非正常飞行程序操作的培训，其中包括遇见障碍物、发动机故障、链路丢失等情况。

应急飞行培训的目的是通过培训增强学员的应急飞行能力，在实际巡检作业任务过程中，遇到装备机出现故障的情况，学员可以通过应急飞行程序操作来操控装备机以减少损失，避免出现人员伤亡。

（1）当装备机遇见障碍物时，一般会需要重新规划航线或者切换到手动模式控制飞机越过障碍物继续执行巡检作业任务。模拟装备机遇见障碍物，能够锻炼学员的重新规划航线的能力以及手动飞行能力。在装备机进行自主飞行时，一般都是直线前进，通过云台搭载的视频采集设备回传视频信息来观测线路状况，当航线中出现障碍物时，通过重新规划航线或切换到手动模式避开障碍物。

（2）当出现发动机故障时（一般就是发动机出现熄火现象），不能提供无人机飞行所需要的升力，如果这时不进行任何操作，无人机就会直线下降至坠地，造成严重的损失。在模拟发动机故障时，通过遥控器把无人机的油门适度降低，通过遥控器控制无人机的方向使无人机缓慢下降或者使无人机进行自旋迫降，避免无人机直接失速降落，减小无人机的损失和避免人员伤亡。

（3）链路丢失是指无人机地面站同无人机之间的通信上行链路和下行链路双双丢失或丢失其中一种，无人机地面站无法对无人机的飞行进行控制和监视。当无人机系统出现链路丢失情况时，如果在目视范围内，无人机操控人员应及时把无人机飞行模式切换到手动模式，通过遥控器把飞机安全降落到指定位置。如果不在目视范围内，无人机飞控检测到链路丢失以后，飞控程序就会执行自动返航功能，无人机以设定好的高度和速度返回"HOME"点上方，这时无人机操控人员在看到无人机以后应及时把无人机的飞行模式切换到手动模式，然后通过遥控器把无人机安全降落到指定位置。模拟无人机链路丢失情况，主要练习无人机操控人员采用手动模式的飞行能力以及应变能力，保证无人机的安全。

第四章 架空输电线路多旋翼无人机巡检作业流程

第一节 作业前期准备流程

作业前期准备流程包括：前期信息采集、飞前现场勘察、规划合理航线、空域申报、措施与预案、工作票制度、器材使用及存放等。通过对小型多旋翼无人机巡检作业的具体要求，旨在规范巡检作业准备这一环节的基本流程。

一、前期信息采集

飞巡作业前应收集所飞巡线路的设备信息、运行情况以及地理环境信息、气象等相关资料，制定相应计划。

（1）作业前需查看GPS坐标点资料和所巡检线路设备的信息，查看巡检线路区段已发现的缺陷。

（2）作业前需查看巡检线路区段的交叉跨越信息、地理位置和周边环境，通过GPS系统定位巡检线路区段，通过电子地图核对确认。

（3）作业前查看巡检线路区段所属区域的气象信息。雾、雪、大雨、大风、冰雹．五级大风及中雨以上恶劣天气禁止飞行。

二、飞前现场勘察

1. 现场勘察注意点

现场勘察注意点包括附近是否有微波塔等无线电干扰，地形地貌、线路走向、气象条件、空域条件、交跨情况、杆塔坐标、起降环境、交通条件及其他危险点等。对现场勘察认为危险性、复杂性较大的小型无人机巡检作业，应专门编制组织措施、技术措施、安全措施，并履行相关审批手续。

2. 填写现场勘察记录

根据现场勘察情况填写勘察记录，标记交跨位置、特殊环境等，如图 4 - 1 所示。

架空输电线路无人机巡检作业现场勘察记录

勘察单位：		编号：	
勘察负责人：		勘察人员：	
勘察的线路或线段的双重名称及起止杆塔号：			
勘察地点或地段：			
巡检内容：			
作业现场条件：			
地形地貌以及巡检航线规划要求：			
空中管制情况：			
特殊区域分布情况：			
起降场地：			
巡检航线示意图：			
应采取的安全措施：			
记录人： 勘察日期： 年 月 日 时 分至 年 月 日 时 分			

图 4-1 架空输电线路无人机巡检作业现场勘察记录

3. 起降点选择

根据现场地形条件选定小型多旋翼无人机起飞点及降落点，起降点四周应空旷，航线范围内无超高物体建筑物，小型无人直升机起降点的面积要求为至少2m×2m左右的平整地面，无砂石为宜。

三、规划合理航线

作业人员在专业地图核对坐标点无误后，根据现场情况，保持设备间隔安全距离，标记准确地理方位起降点，规划出飞行航线。

四、空域申报

按照目前规定，7kg 以下、无人机高度 120m 以上应向相关部门报备巡检计划。小型无人直升机巡检作业飞行高度 120m 以下、500m 范围内的可视飞行无需向有关部门报备。

五、措施与预案

1. 飞行巡检作业组织措施

工作负责人根据现场情况，优选航线巡检，优选择精神面貌和身体状态良好的作业人员，作业前 8 小时及作业过程中严禁饮用任何酒精类饮品。飞行过程中关闭个人手机，以免分散注意力。

2. 飞行巡检技术措施

按 DL/T 1482—2015《输电线路无人机巡检技术导则》要求，制定架空输电线路小型多旋翼无人机巡检工作票，由工作票签发人审核签发。其内容主要包括：适用范围、编制依据、工作准备、操作流程、操作步骤、安全措施、所需工器具等，并在工作票中注明哪些情况易发生习惯性违章行为。

3. 飞行作业安全措施

作业前应进行任务预检，使作业人员明确作业内容工作危险点、预控措施及技术措施，操作人员须熟知作业内容和作业步骤。现场设置起降点围栏，没有接到负责人通知禁止通电起飞。制定安全策略，不符合起降、气候、技术等条件的工况下禁止飞行，作业时遇突发状况就近降落，确保飞行安全。

4. 特巡紧急预案

按照现场勘察实际情况制定小型多旋翼无人机巡检作业异常处置应急预案，各作业成员按技能水平分工，应定期进行现场模拟演练。

六、工作票制度

履行作业任务工作票如图 4-2 所示，明确工作负责人、工作班组人员、作业范围和内容、工作要求、工作措施、工作时间等。

七、器材使用及存放

（1）作业前，应对无人机设备进行检查。检查内容按照《小型无人机巡检任务飞前检查单》中各项内容逐一检查并勾选，如发现问题及时处理。

架空输电线路无人机巡检作业工作票

单位：＿＿＿＿＿＿＿＿　　编号：＿＿＿＿

1. 工作负责人：＿＿＿＿＿＿＿＿　工作许可人：＿＿＿＿＿＿＿＿

2. 工作班：＿＿＿＿＿＿

工作班成员（不包括工作负责人）：＿＿＿＿＿＿＿＿＿＿＿＿

＿＿＿＿＿＿＿＿　共　　人

3. 无人机巡检系统型号及组成：＿＿＿＿＿＿＿＿＿＿

4. 起飞地点、降落地点及巡检线路：

＿＿＿＿＿＿＿＿＿＿＿＿＿＿＿＿

5. 工作任务：

巡检线段及杆号	工作内容

6. 审批的空域范围：

＿＿＿＿＿＿＿＿＿＿＿＿＿＿＿＿

7. 计划工作时间

自＿＿＿＿年＿＿月＿＿日＿＿时＿＿分

至＿＿＿＿年＿＿月＿＿日＿＿时＿＿分

8. 安全措施（必要时可附页绘图说明）：

8.1 飞行巡检安全措施：＿＿＿＿＿＿＿＿＿＿＿＿

＿＿＿＿＿＿＿＿＿＿＿＿＿＿＿＿

8.2 安全策略：

＿＿＿＿＿＿＿＿＿＿＿＿＿＿＿＿

8.3 其他安全措施和注意事项：＿＿＿＿＿＿＿＿＿＿＿＿

＿＿＿＿＿＿＿＿＿＿＿＿＿＿＿＿

工作票签发人签名＿＿＿＿＿＿　＿＿＿＿年＿＿月＿＿日＿＿时＿＿分

工作负责人签名＿＿＿＿＿＿　＿＿＿＿年＿＿月＿＿日＿＿时＿＿分

9. 确认本工作票1～8项，许可工作开始

许可方式	许可人	工作负责人	许可工作的时间
			＿＿＿＿年＿＿月＿＿日＿＿时＿＿分

10. 确认工作负责人布置的工作任务和安全措施

工作班组人员签名：

＿＿＿＿＿＿＿＿＿＿＿＿＿＿＿＿

11. 工作开始时间＿＿＿＿年＿＿月＿＿日　时＿＿分　工作负责人签名＿＿＿＿＿＿

工作完工时间＿＿＿＿年＿＿月＿＿日＿＿时＿＿分　工作负责人签名＿＿＿＿＿＿

12. 工作负责人变动情况

原工作负责人＿＿＿＿＿＿离去，变更＿＿＿＿＿＿为工作负责人。

工作票签发人签名＿＿＿＿＿＿　＿＿＿＿年＿＿＿＿月＿＿＿＿日＿＿＿＿时＿＿＿＿分

13. 工作人员变动情况（变动人员姓名、日期及时间）

＿＿＿＿＿＿＿＿＿＿＿＿＿＿＿＿

14. 工作票延期

有效期延长到＿＿＿＿年＿＿月＿＿日＿＿时＿＿分

工作负责人签名＿＿＿＿＿＿　＿＿＿＿年＿＿月＿＿日＿＿时＿＿分

工作负责人签名＿＿＿＿＿＿　＿＿＿＿年＿＿月＿＿日＿＿时＿＿分

15. 工作间断

工作间断时间＿＿＿＿年＿＿月＿＿日＿＿时＿＿分

工作负责人签名＿＿＿＿＿＿　＿＿＿＿年＿＿月＿＿日＿＿时＿＿分

工作许可人签名＿＿＿＿＿＿　＿＿＿＿年＿＿月＿＿日＿＿时＿＿分

工作恢复时间＿＿＿＿年＿＿月＿＿日＿＿时＿＿分

工作负责人签名＿＿＿＿＿＿　＿＿＿＿年＿＿月＿＿日＿＿时＿＿分

工作许可人签名＿＿＿＿＿＿　＿＿＿＿年＿＿月＿＿日＿＿时＿＿分

16. 工作终结

无人机巡检系统撤收完毕，现场清理完毕，工作于＿＿＿＿年＿＿月＿＿日＿＿时＿＿分结束。

工作负责人于＿＿＿＿年＿＿月＿＿日＿＿时＿＿分向共工作许可人＿＿＿＿用＿＿＿＿方式汇报。

无人机巡检系统状况：

＿＿＿＿＿＿＿＿＿＿＿＿＿＿＿＿

17. 备注

（1）指定专责监护人＿＿＿＿＿＿负责监护＿＿＿＿＿＿＿＿＿＿＿＿

＿＿＿＿＿＿＿＿＿＿＿＿人员、地点及具体工作。

（2）其他事项＿＿＿＿＿＿＿＿＿＿＿＿

图 4－2　架空输电线路无人机巡检作业工作票

（2）需有专人负责管理设备并填写《架空输电线路无人机巡检系统使用记录单》（如图 4－3 所示），要注意核对设备系统状态是否正常，记录人及工作负责人需签字。

架空输电线路无人机巡检系统使用记录单

编号：		巡检时间：　年　月　日					
使用机型							
巡检线路		天　气		风　速		气　温	
工作负责人				工作许可人			
操控手		程控手		任务手		机　务	
架　次				飞行时长			
1. 系统状态	记录无人机巡检系统航前、航后检查情况，飞行过程中的状态等。						
2. 航线信息	如为首次巡检的航线，记录巡检航线周边环境信息，否则记录周边环境信息的变化情况。周边环境信息包括：空中管制区、重要建筑和设施、人员活动密集区、通讯阻隔区、无线电干扰区、大风或切变风多发区和森林防火区等的位置和分布。						
3. 其他	记录巡检过程中无人机巡检系统出现的其他异常情况。						
记录人（签名）：＿＿＿＿			工作负责人（签名）：＿＿＿＿				

图 4－3　架空输电线路无人机巡检系统使用记录单示意图

（3）设备运输。为确保设备搬运安全、放置规范性，避免运输过程中产生由于磕碰、抖动等引起的设备损坏，尽量选择平整处且在减震垫上放置无人机设备箱。认真检查各部件锁扣是否牢固。

第二节　现场作业流程

现场作业流程包括：现场环境复核、现场交底、设备调试及检查、飞行巡检作业、设备撤收、工作终结等。

一、现场环境复核

（1）任务前核对杆塔号和杆塔双重命名。

（2）作业人员对现场地形情况进行复核。

（3）现场测试气象指标。

1）手持风速仪检查风速是否超过起飞要求。

2）取出气温仪对环境气温进行检测，气温指标不得超过无人机说明书中规定的温度标准。

二、现场交底

1. 工作许可

（1）工作负责人应在工作开始前向工作许可人申请办理工作许可手续，在得到工作许可人的许可后，方可开始工作。

（2）许可内容为工作时间、作业范围、许可空域等。

（3）许可方式为当面汇报、电话许可、派人送达。

2. 现场人员分工

（1）工作负责人负责组织巡检工作开展。

（2）操控手负责无人机操控，无专职工作负责人时兼任工作负责人。

（3）程控手负责任务载荷操作、地面站数据监控。

工作前，工作负责人检查工作票所列安全措施；进行"二交一查"，包括交代工作任务、安全措施和技术措施，进行危险点告知，检查人员状况和工作准备情况。全体工作班成员明确工作任务、安全措施、技术措施和危险点后在工作票上签字。

三、设备调试及检查

（1）设置工作围栏，设置功能区。功能区包括地面站操作区，无人机起飞降落区，工器具摆放区等，各功能区应有明显区分。将无人机巡检系统从机箱中取出，放置在各对应的功能区。

（2）连接地面站天线，地面站天线应无遮挡，正确连接图传、数传天线，打开地面站软件。

（3）按冷舱启动检查单检查无人机动力系统的电能储备，确认满足飞行巡检航程要求。锂聚合物电池充满状态为单片电压 4.2V。无人机巡检作业前单片电压小于 3.8V 禁止起飞。低温环境巡检：当环境温度低于−10℃时，宜选择低温放电性能好的电池，−10℃时放电能力不低于 90%。

（4）查看无人机内飞控系统各部位器件插接是否牢固，如发现松动老化情况及时修复。

（5）现场校正调整无人机平衡点。

1）先将无人机放置在平整的起降地点，安装旋翼要注意旋转方向。

2）安装电池并检查重心点是否平衡，各旋翼的重心要相等，重心应在平衡杆的中心上，通过调整，把重心调整在中央水平点。一定要检查电池是否绑扎牢固。

（6）打开遥控器。操控手在确认遥控器所有开关关闭、油门杆处于最低位置，方可打开遥控器。此时不要操作遥控器的任何摇杆及开关，等待数据连接和对频，否则会造成进入设置程序或无人机失控、螺旋桨伤人等人身设备的安全隐患。

（7）无人机通电检查。

1）打开相机锁或吊舱固定卡扣，接通主控电源，操控手拨动遥控器模式开关，检查飞行模式（手动、增稳和 GPS 模式，视无人机型号为准）切换是否正常，检查完成后接通动力电源，观察指示灯闪烁频次是否正常，电调提示音是否报警。

2）观察地面站显示的 GPS 信号进行检测，等待地面站及 GPS 指示灯反馈已搜索到的卫星数量。

3）飞控会自动对云台相机进行检索，操控云台查看姿态是否正常，图传是否及时反馈，没有黑屏、波纹及雪花等异常现象，此时如没打开相机锁，会造成多轴云台电子伺服器损坏。

4）调整数传/图传天线角度，调整角度应于地面站保持图像清晰稳定。

5）无人机各项巡检飞行前检查完成后，在工作检查单逐一勾选，这项纪录工作在日后的问题查找及维修保养方面起着重要作用。

（8）初飞复检。

1）电源接通后，待对频完成，飞行模式选择 GPS 模式，解锁指令打开，轻推油门摇杆，观察各电机转速是否正常。

2）先将无人机起飞至低空悬停，操作各个通道，观察无人机响应状况，判断响应速度及旋翼声音是否正常。如发生震动异常，噪声过大，说明有部件松脱，要紧急降落排除故障。

四、飞行巡检作业

（1）小型无人机飞行作业，可根据实际需求调整悬停姿态及时间，一般情况下无人机外缘与待巡检设备、部件的空间距离不宜小于 10m，具体距离可根据无人机性能、线路电压等级和巡检经验调整。与设备保持 5m 以上安全距离，与附近建筑物等设施保持 10m 以上安全距离，且不可在设备正上空长时间悬停，高速公路、铁路、人员密集区正上空禁止悬停，操控人员之间应保持联络，及时调整飞行姿态，起飞点至任务点要提前根据空况制定简单安全有效的航线，确保无人机巡检拍摄任务顺利完成。

小贴士

一键返航 小型无人直升机巡检系统在空中飞行时突然失去图传信号的情况时，应打开一键返航功能键，使无人机返航回到起飞点上空然后降落。

（2）小型无人机作业时操控手与程控手应实时保持通信交流，及时告知对方无人机目前的状况和即将要操控的动作；操控手集中注意力观察飞机姿态，程控手要注意地面站接收的回传数据，合理控制云台机位掌控对焦技巧及其他任务载荷，及时查找缺陷和隐患，准确拍摄和纪录。

小贴士

机头重定向 小型无人直升机巡检系统在空中飞行时突然失去数传信号的情况时，应根据图传画面确定无人机朝向，对尾返航降落。

小贴士

GPS 信号丢失应急处理 小型无人直升机巡检系统在空中飞行时发生失去GPS 信号的情况时，应采用其他增稳模式控制小型无人直升机巡检系统在空中悬停等待 GPS 信号，若还是没有 GPS 信号，则控制其返航降落。

（3）返航时操控手按既定航线回航，时刻观察剩余电量，以每秒 2m 左右速度平稳下降至着陆点，无人机降落后螺旋桨停止旋转前任何人不得靠近，不准执行工作票范围以外的任务。

小贴士

意外坠机搜寻 小型无人直升机巡检系统飞行时，若图传信号、数传信号均长时间中断，且未返航，应根据掌握的小型无人直升机巡检系统最后地理坐标位置或机载追踪器发送的报文等信息及时寻找。

小贴士

电池电压突然降低 小型无人直升机巡检系统在空中飞行时发生电池电压突降的情况时，应操作小型无人直升机巡检系统远离线路，就近慢慢控制其降落。

小贴士

无人机突发失控 小型无人直升机巡检系统在空中飞行时发生因遥控器故障而无法操纵时，应打开一键返航开关，待其返回起飞点上空，疏散起飞点人员设备，待其电压下降后慢慢降落。

（4）按照电力行业标准 DL/T 1482—2015《架空输电线路无人机巡检作业技术导则》相关标准进行巡检作业。作业区域天气突变时（如突发的大风、雷阵雨、冰雹、大雪等），应及时采取措施控制无人机巡检系统避让、返航或就近降落。作业过程中突发小型无人直升机巡检系统因环境因素将要或者已经撞上异物，应及时采取措施控制无人机巡检系统避让、返航或就近降落。

五、设备撤收

（1）先关闭无人机电源，取下电池，再关闭遥控器。关闭地面站，撤收天线等设备。

（2）安装云台相机锁或取下相机，将无人机装箱，收回车内。

六、工作终结

基本要求如下：

（1）工作终结内容包括：工作负责人姓名、工作班组名称、工作任务（说明线路名称、巡检飞行的起止杆号等）已经结束，无人机巡检系统已经回收，工作终结。

（2）工作负责人通过电话/当面汇报/派人送达向工作许可人汇报，终结工作。

第三节 应急飞行流程

前面介绍了无人机在飞行作业前、飞行中和飞行后的各项措施，但无人机在实际的飞行作业中还有可能遇到各种各样的突发状况，如信号干扰、失控等。为了使操控手在特殊情况下能够操作得当，将无人机安全平稳的返航，需要制定飞行中出现紧急情况下的操作流程，指导操控手安全平稳地操控无人机降落，保证人员和设备安全或降低风险。下面将列举几种较为普遍的紧急情况和相应的处理方法。

一、丢失图传操作流程

在飞行中遇到图传信号丢失，具体表现为显示画面会黑屏或出现雪花屏（见图 4-4）。造成图传信号丢失的原因主要为强信号干扰、软件故障、链路机械故障或云台故障。

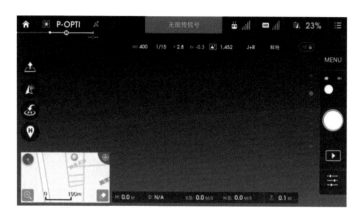

图 4-4　无图传信号示意图

（1）第一时间调整天线，尝试转动看是否能重新获得图传。

（2）马上目视查找无人机，如果无人机目视可见，可以按照前文的判断无人机朝向方法控制无人机返航。如果无人机目视不可见，很有可能被建筑遮挡，如果是高度上遮挡，可以尝试拉升无人机 5s，不可多操作；如果是方位遮挡，迅速移动避开障碍，尝试获得图传。

（3）检查 APP 上方遥控器信号是否存在，然后打开全屏地图，尝试转动方向检查屏幕上无人机朝向是否有变化。如果有变化，说明只是图传丢失，仍然可以通过地图的方位指引进行返航。

（4）如果尝试了多种办法仍然无效，请记住原先 APP 的失控设置。如果设置为返航，可以继续按返航键，然后等待无人机返航。如果设置为悬停，迅速赶往无人机最后失去图传的地址，无人机很有可能仍在当前地点悬停，目视无人机操纵其降落。

二、失控操作流程

具体表现是在没有任何操作的情况下无人机突然向一个方向飞去，或者直接升高，或者直接掉高。造成失控的原因较多，普遍为遥控信号丢失、误操作、机械或电子故障等。

（1）一般人遇到这种情况的第一反应是往相反方向打杆，但杆量不宜过猛过大，视无人机姿态随时调整。

（2）迅速切换为姿态模式，看无人机是否能停止移动，如果仍在移动，再次尝试打杆挽救机器。

（3）如无人机带有一键返航功能并在飞行前设定了返航高度、返航点，按一键返航键无人机会自主返航，飞回记录的返航点。目视无人机或遥控信号恢复后，重新控制无人机降落。

三、机械故障操作流程

若无人机在空中出现机械性故障，挽救的成功率不高，但只要在飞行前对无人机各部件进行仔细的检测还是可以规避这类故障的，尤其是螺旋桨安装是否正确、紧固是否到位等。当多旋翼无人机（6旋翼或8旋翼）出现螺旋桨破损或脱落的情况时，可通过以下操纵来紧急处理。

（1）立即切换飞行模式为姿态模式，手动控制无人机。

（2）方向舵及副翼应遵循少量多次的原则，切勿大杆量大姿态，通过方向舵和副翼的控制使飞行器飞行姿态平稳，消除飞行器自传。

（3）慢收油门杆，使无人机匀速下降，在快到达地面时由于地面效应，及时快速调整飞行器姿态平稳接地，并迅速将油门压到底。

四、遭遇大风操作流程

作业人员应提前收集飞行时段内的气象信息，制定好作业时间和飞行航路等前期工作。气象条件超出无人机运行范围时应禁止进行飞行作业。在良好的天气情况下进行无人机飞行作业，也建议打开姿态球，密切监视飞机姿态，如图4-5所示。

姿态球显示飞机的姿态变化、相对位置和机头转向：飞机向前飞行时，蓝色水平面相应上升；飞机向后飞行时，蓝色水平面相应下降；飞机向右飞行时，蓝色水平面朝右侧倾斜；飞机向左飞行时，蓝色水平面朝左侧倾斜。飞机旋转机头时，红色飞机相应旋转，尖角方向为机头方向。姿态球中红色飞机机头方向有一束绿光，表示相机镜头朝向。姿态球中心表示遥控器所在位置，一束白光为遥控器朝向。在飞行器飞远后，红色小飞机远离中心圆点，姿态球旁有5个参数，这些参数作用如下：H：显示飞行器与起飞点的相对高度；D：显示飞行器与起飞点的水平距离；

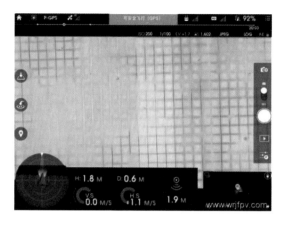

图 4-5　无人机姿态球面板示意图

V.S：显示垂直方向的飞行速度；H.S：显示水平方向的飞行速度。

遭遇大风时可接以下操纵来紧急处理。

（1）在屏显面板上调出飞行器姿态球。

（2）空中遭遇强风，姿态球倾斜达到极限，此时逆风打杆是没有作用的。应降低油门，使无人机高度下降，高度降低时低空风速也会下降很多。

（3）当无人机降低到可控高度时，应及时调整无人机方向，控制无人机安全降落。

五、迷失飞机机头操作流程

发现迷失机头方向时切记不要盲目打杆，应先使无人机悬停。

（1）单独一个方向打俯仰或副翼摇杆持续小段时间看飞机的运动方向来判断机头的方向。

（2）采用 FPV 图传画面或者通过地面站地图上机头指示信息或是通过回传飞机的数据信息找回机头方向。

（3）采用飞控的智能模式如无头模式或是返航模式返回。

紧急情况处理时无论无人机有没有恢复控制，或者有没有执行自动返航，都应该尝试性的不断往下拉油门，无人机离操纵者越近，恢复控制的可能性就越高，无人机飞得越低，迫降时的伤害会越小。自动返航在周边环境比较复杂的情况下还是存在安全风险，所以如果能由操纵者控制返航，还是手动控制进行降落更好。

第五章 无人机典型作业

现阶段国家电网公司无人机巡检技术主要应用包括输电线路设备精细化巡检、输电线路故障巡视、输电线路特殊巡视、输电线路验收、输电线路检修等工作，并针对高寒地区的高寒状况，采取积极有效的措施，解决了高寒情况下的无人机应用，实现了全年度全季节的无人机应用。

案例一 利用无人机对重点防汛区段的线路杆塔进行特殊巡视

2018年7月，某地区迎来雷雨高发季，降雨量较大，公司决定利用多旋翼无人机对流域内的重点防汛区段220kV SX乙线135～143号杆塔进行特殊巡视。

一、作业前期准备流程

1. 前期信息采集

（1）查看线路杆塔的设备信息，确定需要进行巡视的设备。

（2）查看地理位置和周边环境，通过GPS系统定位巡检线路区段，通过电子地图核对确认。

（3）作业前查看巡检线路区段所属区域的气象信息。五级大风及中雨以上天气禁止飞行。

2. 飞前现场勘察

（1）现场勘察。经现场勘查后发现，现场的地形地貌、线路走向、空域条件、交跨情况、杆塔坐标、起降环境、交通条件等都较适宜飞行。

编制组织措施、技术措施、安全措施，并履行相关审批手续。

（2）填写现场勘察记录。根据现场勘察情况填写勘察记录，标记交跨位置、特殊环境等。

（3）起降点选择。现场地面平整，无砂石，符合起降要求，如图5-1所示。

图5-1　无人机起降点选择示意图

3. 规划合理航线

作业人员在专业地图核对坐标点无误后，根据现场情况，保持设备间隔安全距离，标记准确地理方位起降点，规划出飞行航线。

4. 空域申报

按照目前规定：7kg以下小型无人直升机，飞行高度120m以上应向相关部门报备巡检计划；飞行高度120m以下、500m范围内的可视飞行无需向有关部门报备。

5. 措施与预案

（1）飞行巡检作业组织措施。工作负责人根据现场情况，优选航线巡检，优选精神面貌和身体状态良好的作业人员，作业前8h及作业过程中严禁饮用任何酒精类饮品。飞行过程中关闭个人手机，以免分散注意力。

（2）飞行巡检技术措施。按DL/T 1482—2015《架空输电线路无人机巡检作业技术导则》要求，制定架空输电线路小型多旋翼无人机巡检工作票，由工作票签发人审核签发。其内容主要包括适用范围、编制依据、工作准备、操作流程、操作步骤、安全措施、所需工器具等，并在工作票中注明哪些情况易发生习惯性违章行为。

（3）飞行作业安全措施。作业前应进行任务预检，使作业人员明确作业内容、工作危险点、预控措施及技术措施，操作人员须熟知作业内容和作业步骤。现场设置起降点围栏，没有接到负责人通知禁止通电起飞。

（4）特巡紧急预案。按照现场勘察实际情况制定小型多旋翼无人机巡检作业异常处置应急预案，各作业成员按技能水平分工，应定期进行现场模拟演练。

6．工作票制度

履行作业任务工作票，明确工作负责人、工作班组人员、作业范围和内容、工作要求、工作措施、工作时间等。

7．器材使用及存放

（1）作业前，应对无人机设备进行检查，如发现问题及时处理。

（2）需有专人负责管理设备并填写《架空输电线路无人机巡检系统使用记录单》，要注意核对设备系统状态是否正常，记录人及工作负责人需签字。

（3）设备运输。为确保设备搬运安全、放置规范性，避免运输过程中磕碰、抖动等引起设备损坏，尽量选择平整处且在减振垫上放置无人机设备箱，如图5-2所示，并认真检查各部件锁扣是否牢固。

图5-2　设备规范运输

二、现场作业流程

1．现场环境复核

（1）任务前核对杆塔号和杆塔双重命名。

（2）作业人员对现场地形情况进行复核，如图5-3所示。

（3）现场测试气象指标。

1）手持风速仪检查风速是否超过起飞要求。

2）取出气温仪对环境气温进行检测，气温指标不得超过无人机说明书中规定的温度标准，如图5-4所示。

图 5-3　现场环境复核

图 5-4　现场测试气象指标

2. 现场交底

（1）工作许可。

1）工作负责人应在工作开始前向工作许可人申请办理工作许可手续，在得到工作许可人的许可后，方可开始工作，如图 5-5 所示。

2）许可内容为工作时间、作业范围、许可空域等。

3）许可方式为当面汇报、电话许可或派人送达。

61

图 5-5　现场交底

（2）现场人员分工。

1）工作负责人负责组织巡检工作开展。

2）操控手。负责无人机操控，无专职工作负责人时兼任工作负责人。

3）程控手。负责任务载荷操作、地面站数据监控。

工作前，工作负责人检查工作票所列安全措施；进行"二交一查"，包括交代工作任务、安全措施和技术措施，进行危险点告知，检查人员状况和工作准备情况。全体工作班成员明确工作任务、安全措施、技术措施和危险点后在工作票上签字，如图 5-6 所示。

3. 设备调试及检查

（1）设置工作围栏，设置功能区，功能区包括地面站操作区、无人机起飞降落区、工器具摆放区等，各功能区应有明显区分。将无人机巡检系统从机箱中取出，放置在各对应的功能区。

（2）连接地面站天线，地面站天线应无遮挡，正确连接图传、数传天线，打开地面站软件。

图 5-6　现场人员分工

（3）按冷舱启动检查单检查无人机动力系统的电能储备，确认满足飞行巡检航程要求，如图 5-7 所示。锂聚合物电池充满状态为单片电压 4.2V，无人机巡检作业前单片电压小于 3.8V 禁止起飞。

图 5-7　检查无人机动力系统的电能储备

（4）查看无人机内飞控系统各部位器件插接是否牢固，如发现松动老化情况及时修复。

（5）现场校正调整无人机平衡点。

1）先将无人机放置在平整的起降地点，安装旋翼要注意旋转方向。

2）安装电池并检查重心点是否平衡。各旋翼的重心要相等，重心应在平衡杆的中心上，调整重心在中央水平点。一定要检查电池是否绑扎牢固，如图 5-8 所示。

（6）打开遥控器。操控手在确认遥控器所有开关关闭、油门杆处于最低位置，方可打开遥控器，此时不要操作遥控器的任何摇杆及开关，等待数据连接和

图 5-8　现场设备调试检查

对频，否则会造成进入设置程序或无人机失控，螺旋桨伤人等人身设备的安全隐患。

（7）无人机通电检查。

1）打开相机锁或吊舱固定卡扣接通主控电源，操控手拨动遥控器模式开关，检查飞行模式（手动、增稳和 GPS 模式，视无人机型号为准）切换是否正常。检查完成后接通动力电源，观察指示灯闪烁频次是否正常，电调提示音是否报警，如图 5-9 所示。

图 5-9　无人机通电检查

2）观察地面站显示的 GPS 信号进行检测，等待地面站及 GPS 指示灯反馈已搜索到的卫星数量。

3）飞控会自动对云台相机进行检索，操控云台查看姿态是否正常，图传是否及时反馈，没有黑屏、波纹及雪花等异常现象，此时如没打开相机锁，会造成多轴云台电子伺服器损坏。

4）调整数传/图传天线角度，调整角度应于地面站保持图像清晰稳定。

5）无人机各项巡检飞行前检查完成后在工作检查单逐一勾选，这项纪录工作在日后的问题查找及维修保养方面起着重要作用。

（8）初飞复检。

1）电源接通后，待对频完成，飞行模式选择 GPS 模式，解锁指令打开，轻推油门摇杆，观察各电机转速是否正常。

2）先将无人机起飞至低空悬停，操作各个通道，观察无人机响应状况，判断响应速度及旋翼声音是否正常。如发生震动异常，噪声过大，说明有部件松脱，要紧急降落排除故障。

4．巡视作业

小型无人机飞行作业，应与设备保持 5m 以上安全距离，与附近建筑物等设施保持 10m 以上安全距离，且不可在设备正上空长时间悬停，飞行至高速公路、铁路、人员密集区正上空禁止悬停，操控人员之间应保持联络，及时调整飞行姿态，起飞点至任务点要提前根据空况制定简单安全有效的航线确保无人机巡检拍摄任务顺利完成。

作业时要时刻注意飞行器与所检设备规定安全距离，飞行过程中应保持作业平台的稳定拍摄，作业拍摄工作流程如下。

（1）无人机进入预设拍摄点，应由远及近先拍摄通道，查看通道是否畅通及隐患情况，如图 5-10～图 5-13 所示。然后拍摄设备本体，查看本体塔材有无缺失变形以及其他情况。

图 5-10　SX 乙线 143 号大号侧通道及通道内障碍物

图 5-11 SX乙线143号大号侧通道及周围危险点

图 5-12 SX乙线143号小号侧通道及通道内障碍物

图 5-13 SX乙线143号小号侧通道及周围危险点

（2）无人机由下至上从下横担水平点处拍摄绝缘子串、过引线金具挂点等设备紧固销针缺失情况。

（3）无人机由左至右从左侧下线挂点位置依次稳定上升至各横担绝缘子串水平点位置进行拍摄，直至塔顶。在高于塔顶的安全距离处，拍摄左侧地线和左相的绝缘子串、金具；先拍摄整体，再拍摄局部。飞越至杆塔另一侧，高于地线，保持安全距离，对右侧地线及挂点和金具进行拍摄。稳定下降至右侧绝缘子串水平位置，拍摄右相的绝缘子串及连接金具；先拍摄整体，再调整焦距，继续拍摄局部，至此作业流程结束，如图5-14～图5-17所示。但程控手一定要检查所拍资料信息的完整度是否符合素材要求标准，如不合格应总结问题后补拍。

图5-14　SX乙线143号左侧绝缘子及金具（近）

图5-15　SX乙线143号左侧绝缘子及金具（远）

图 5-16　SX 乙线 143 号右侧绝缘子及金具（近）

图 5-17　SX 乙线 143 号右侧绝缘子及金具（远）

5. 设备撤收

（1）先关闭无人机电源，取下电池，再关闭遥控器。关闭地面站，撤收天线等设备。

（2）安装云台相机锁或取下相机，将无人机装箱，收回车内。

6. 工作终结

（1）工作终结内容包括：工作负责人姓名、工作班组名称、工作任务（说明线路名称、巡检飞行的起止杆号等）已经结束，无人机巡检系统已经回收，工作终结。

（2）工作负责人通过电话/当面汇报/派人送达向工作许可人汇报，终结工作。

案例二　高寒地区冬季利用无人机对
线路杆塔进行精细化巡视

2018 年 2 月，针对大雪封山的无人区段，公司决定采用多旋翼无人机对 220kV MS 乙线 122 号等杆塔进行精细化巡视。

一、作业前期准备流程

前期准备流程与案例一内容相似，但因为本案例属于高寒地区，针对性增加了防寒的相应内容。

1. 前期信息采集

（1）查看线路杆塔的设备信息，确定需要进行巡视的设备。

（2）查看地理位置和周边环境，通过 GPS 系统定位巡检线路区段，通过电子地图核对确认。

（3）作业前查看巡检线路区段所属区域的气象信息，如图 5‐18 所示。五级大风、中雪以上天气、零下 22℃以下气温禁止飞行。

图 5‐18　作业当日天气预报

（4）当气候条件超过无人飞行器在设计飞行时的标准参数范围时，将无法保障飞行器飞行动作受控。应及时有效地规避恶劣天气，避免无人飞行器在危险的作业环境下造成不必要的损失。

2. 飞前现场勘察

具体内容与通用流程一致。起降点选择，现场地面平整，无砂石，无积雪，符合起降要求。

3. 规划合理航线

作业人员在专业地图核对坐标点无误后，根据现场情况，保持设备间隔安全距离，标记准确地理方位起降点，规划出飞行航线。

4. 空域申报

按照目前规定：7kg以下小型无人直升机，飞行高度120m以上应向相关部门报备巡检计划；飞行高度120m以下、500m范围内的可视飞行无需向有关部门报备。

5. 措施与预案

具体内容与通用流程一致。注意应根据低温环境编制针对性的组织措施、技术措施、安全措施，并履行相关审批手续。

6. 工作票制度

履行作业任务工作票，明确工作负责人、工作班组人员、作业范围和内容、工作要求、工作措施、工作时间等。

7. 器材使用及存放

具体内容与通用流程一致。注意在运输过程中应采用恒温功能的无人机保温舱，保障运输过程中无人机电池电量无衰减。为确保设备搬运安全、放置规范性，避免运输过程中磕碰、抖动等引起设备损坏，尽量选择平整处且在减振垫上放置无人机设备箱。认真检查各部件锁扣是否牢固。

二、现场作业流程

1. 现场环境复核

应按照通用流程具体要求进行复核。

2. 现场交底

（1）工作许可。

1）工作负责人应在工作开始前向工作许可人申请办理工作许可手续，在得到工作许可人的许可后，方可开始工作。

2）许可内容为工作时间、作业范围、许可空域等。

3）许可方式为当面汇报、电话许可或派人送达。

（2）现场人员分工。

1）工作负责人负责组织巡检工作开展。

2）操控手：负责无人机操控，无专职工作负责人时兼任工作负责人。

3）程控手：负责任务载荷操作、地面站数据监控。

工作前，工作负责人检查工作票所列安全措施；进行"二交一查"，包括交代工作任务、安全措施和技术措施，进行危险点告知，检查人员状况和工作准备情况。全体工作班成员明确工作任务、安全措施、技术措施和危险点后在工作票上签字。

小贴士

若双手冻得僵硬，则无法进行顺畅的操作，难以调整镜头参数，无人机操作也会因此而受影响，但是戴手套又非常容易导致触摸失灵，因此建议可以选购专为触屏设计的手套，在保暖的同时也能进行操作。

3. 设备调试及检查

具体内容与通用流程一致，冬季飞行应特别注意以下情况。

（1）起飞前，确保遥控器、飞行器及监看设备处于满电状态。注意观察飞行器电池温度，温度在 $-10℃$ 以下时，电池禁止使用。电池温度在 $-10℃\sim5℃$ 时，起飞后需要保持低空悬停状态，对电池进行预热，当温度达到 $5℃$ 以上时，才可以正常飞行。需要注意的是，如果环境温度过低（例如低于 $-20℃$），可能无法通过低空悬停对电池进行预热，应采用预热器等其他方法使电池温度达到 $5℃$ 以上。电池的最佳使用温度为 $20℃$，所以应尽量使电池温度到达 $20℃\sim25℃$，再进行正常飞行。

（2）在寒冷气候下，检查飞控的电子设备是否正常，电量是否充足，检查无人机零部件，比如桨叶在寒冷天气下会变得更为脆弱，要更勤快地检查桨叶、外壳是否发生开裂现象，也可以考虑更换更为牢固的碳钎维桨叶。

（3）先打开遥控器电源，再开启无人机电源，连接移动设备，打开 APP 后，等待 APP 自检列表中出现"飞行器系统预热"后方可起飞。

（4）初飞复检。起飞后保持飞机悬停 1min 左右，让电池利用内部发热，让自身充分预热，降低电池内阻。如图 5-19 所示。

图 5-19 作业人员进行初飞复检

4. 巡视作业

小型无人机飞行作业，可根据实际需求调整悬停姿态及时间，一般情况下无人机外缘与待巡检设备、部件的空间距离不宜小于 10m，具体距离可根据无人机性能、线路电压等级和巡检经验调整。

小贴士

在低温环境下，当提示"低电压报警"时建议立刻停止飞行（无人机电量应保证在 30%~40%返航）。

必要时应与设备保持 5m 以上安全距离，与附近建筑物等设施保持 10m 以上安全距离，且不可在设备正上空长时间悬停，飞行至高速公路、铁路、人员密集区正上空禁止悬停，操控人员之间应保持联络，及时调整飞行姿态，起飞点至任务点要提前根据空况制定简单安全有效的航线确保无人机巡检拍摄任务顺利完成。

作业时要时刻注意飞行器与所检设备规定安全距离，飞行过程中应保持作业平台的稳定拍摄，作业拍摄工作流程如下。

小贴士

在冬季，拍摄方面也需要不同的应对手段。如果画面中有大雪，而当时天气也不错，则白皑皑的大雪就会让相机误以为是"过曝"，因而自动调低曝光设置，反倒使整个画面处于欠曝的状态：积雪看起来是灰色的，阴影部分也丢失了细节。这时候可以选择手动曝光，适当提高曝光度。同理，面对大块大块的白色积雪，白平衡也有可能出现错误的情况，这时候依旧可以通过手动设置白平衡，到 6500K 左右，避免积雪呈现出偏蓝的情况。

（1）无人机进入预设拍摄点，应由远及近先拍摄通道，查看通道是否畅通及隐患情况，然后拍摄设备本体，查看本体塔材有无缺失变形以及其他情况，如图 5-20~图 5-23 所示。

图 5-20 MS乙线 122 号大号侧通道及通道内障碍物

图 5 - 21　MS 乙线 122 号大号侧通道及周围危险点

图 5 - 22　MS 乙线 122 号小号侧通道及通道内障碍物

图 5 - 23　MS 乙线 122 号小号侧通道及周围危险点

（2）无人机由下至上从下横担水平点处拍摄绝缘子串、过引线金具挂点等设备紧固销针缺失情况。

（3）无人机由左至右从左侧下线挂点位置依次稳定上升至各横担绝缘子串水平点位置进行拍摄，直至塔顶。在高于塔顶的安全距离处，拍摄左侧地线和左相的绝缘子串、金具；先拍摄整体，再拍摄局部。飞越至杆塔另一侧，高于地线，保持安全距离，对右侧地线及挂点和金具进行拍摄。稳定下降至右侧绝缘子串水平位置，拍摄右相的绝缘子串及连接金具；先拍摄整体，再调整焦距，继续拍摄局部，至此作业流程结束，如图5-24～图5-27所示。但程控手一定要检查所拍资料信息的完整度是否符合素材要求标准，如不合格应总结问题后补拍。

图5-24　MS乙线122号左侧绝缘子及金具（近）

图5-25　MS乙线122号左侧绝缘子及金具（远）

图5-26　MS乙线122号左侧绝缘子倒数第四片存在缺陷（整体）

5. 设备撤收

（1）先关闭无人机电源，取下电池，再关闭遥控器。关闭地面站，撤收天线

图 5-27　MS乙线 122 号左侧绝缘子倒数第四片存在缺陷（局部）

等设备。

（2）安装云台相机锁或取下相机，将无人机装箱，收回车内。

6．工作终结

（1）工作终结内容包括工作负责人姓名、工作班组名称、工作任务（说明线路名称、巡检飞行的起止杆号等）已经结束，无人机巡检系统已经回收，工作终结。

（2）工作负责人通过电话/当面汇报/派人送达向工作许可人汇报，终结工作。

案例三　利用无人机喷火技术对杆塔异物进行清除

随着城区化的扩大，新建公园的不断增多，放风筝的市民也越来越多，时常发生风筝、广告横幅等异物缠绕在输电线路上的情况。传统的拆除方式需申请线路停电或者进行带电作业，既影响电网安全运行又存在人工作业安全风险。公司现阶段应用的异物清除方式主要为无人机喷火技术，未来还会向机械手臂、电热丝剪切等方向进一步深入研究。

一、作业前期准备流程

前期准备流程与案例一内容相似，本案例针对无人机喷火技术，增加了需要注意的相应措施。

××××年×月，公司运行人员在巡视中发现×××kV××线××号有风筝缠绕在导线上，如图 5-28 所示，公司决定采用多旋翼无人机喷火技术对该杆塔导线上的异物进行清除。

图 5-28 在××公园禁止放风筝区域发现风筝缠挂在导线上

二、现场作业流程

现场作业流程与案例一、二内容相似，例如现场开工、宣读工作票等如图 5-29 所示。本案例针对无人机喷火技术，增加了需要注意的事项及相应措施。

图 5-29 现场作业人员宣读工作票

多旋翼无人机喷火清除异物过程如下：喷火器对下导线异物进行点火烧蚀，如图 5-30 所示。火焰外焰距离导线正逆风 2m，采取 45°侧逆风手段，喷射火焰长度 2.2m，火焰宽度 1m。喷射 4 次，烧蚀 5s，如图 5-31 所示。异物自燃 10s 后主体基本全部脱落，如图 5-32、图 5-33 所示。最后要对坠落的异物进行灭火处理防止引起火情，如图 5-34 所示。整个作业过程中应注意以下事项。

（1）无人机喷火作业前应首先检查飞控的电子设备是否正常，无人机各部件是否完好，油壶及油枪有无漏油现象。

（2）观测天气情况，雷雨天气、强风天气（4 级及以上）禁止作业。

图 5-30　喷火器对导线异物进行点火烧蚀

图 5-31　喷火器对导线异物进行喷射

图 5-32　异物自燃 10s 后主体基本全部脱落（一）

（3）无人机喷火作业严禁超视距飞行。

（4）飞行前应对工作区域内的杆塔进行红外测温。

（5）飞行前应首先校准 GPS，观察周围地区有无强磁干扰及检查飞控及无人

77

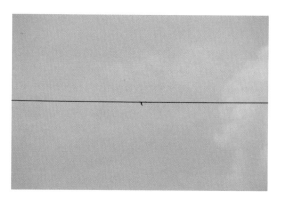

图 5-33　异物自燃 10s 后主体基本全部脱落（二）

图 5-34　对坠落的异物进行灭火处理防止引起火情

机电池电量是否充足。

（6）检查喷火区域及周围地面情况，确保周边半径 15m 之内没有易燃物及行人。对喷火区域应增设围栏并在区域外设专人把守，周边工作人员应手持灭火器以防火灾发生。禁止在林区、加油站、人口密集区及各种容易产生危险的地区地段内工作。

（7）飞行中应设技能熟练并有飞行资格证的飞手、喷火手进行相互配合作业。

（8）无人机烧蚀异物应在顺风侧工作，严禁顶风作业。

（9）无人机工作时地面看守人员应随时注意被烧蚀异物动向，防止异物飘落到工作区域外。

（10）异物烧蚀完毕无人机撤离工作上空后，地面看守人员应及时对烧蚀物进行灭火。

（11）喷火工作完毕无人机降落前，应确认无人机机身有无残余火苗，如无法扑灭火苗，飞手应立即操作无人机远离人群、林区、加油站及会对人民生命财产造成威胁的区域。

（12）降落后应及时摘下无人机机体上的油壶，妥善存放并远离点火装置，确保油壶放置在安全独立的区域。

第六章　架空输电线路无人机应用前景展望

随着电网的迅速发展，架空输电线路逐年增多，有限的生产人员与快速增长的设备维护工作量之间的矛盾日益突出。为了提高架空线路的巡视质量，某地区运用大数据技术对线路运行特点进行总结，分析线路周边环境特点、易发的隐患和缺陷、需要重点关注的部件等信息，依据数据分析结果进行针对性巡视，提高巡视效率，及时发现问题及时消除，保证电网稳定安全运行。近些年来随着无人机技术的成熟，很多领域都有无人机的身影。无人机在电力行业的应用也随之孕育而生，尤其在架空输电线路上的运用更为广泛。输电架空线路杆塔都是几十米或百米以上的高度，地面巡视由于角度限制无法发现较为隐蔽的缺陷，登杆塔巡视增加登杆塔人员的作业风险，也比较费时费力。利用无人机进行高空多角度拍摄巡视，不受地形环境限制，效率高。传统的人工电力巡线方式，受到环境地形限制，效率低下。通常无人机巡线一个航次 15min 就能完成人工 1h 的任务量，特别是在地势陡峭的地方，无人机的优势更加明显。传统人工巡线通常要面临被野生动物与昆虫袭击的危险，而在山洪暴发、地震灾害等紧急情况下，甚至危及生命安全。无人机可对线路的潜在危险，诸如塔基陷落等问题进行勘测与紧急排查，丝毫不受地面环境状况影响，保障了作业人员安全。比起直升机巡线，无人机除了成本及人员的优势，还可携带可见光、红外热成像和紫外线成像等设备对线路进行全方位观测。无人机还能进行定点悬停，对线路进行更详细地检测。内置 GPS 定位导航系统的无人机也可免去失踪的风险，将风险降到最低。无人机机身轻巧，并装载有先进的巡检系统，和有人飞机、直升机相比，成本低、精度高，并且还要方便很多。一般只需两名工作人员即可完成任务，可以遥控拍摄对输电导地线、金具、绝缘子及铁塔锈蚀和污秽、线路走廊等情况进行监测，全方位获取输电线路的图像资料，代替人工攀爬巡检。这些优越的性能使无人飞机成为输电网巡线更为有效的工具。

全面推广无人机作业核心技术。实现无人机巡检 100％ 覆盖所有输电线路，输电线路无人机巡检管控系统 100％ 覆盖所有运维单位。持续完善输电线路无人机作业管理和技术标准体系，完善数据应用中心无人机子模块，拓展数据应用中心容量及功能，结合新技术发展趋势滚动更新巡视及检修作业模式，实现全自动智能线路运行管理控制，打造坚强智能电网。

一、推行无人机作业输电架空线路大数据

随着社会经济的发展，电网也在快速建设，架空输电线路的缺陷和线路保护区内的隐患数量也随着线路的增多逐年增加，有限的生产人员与快速增长的设备维护工作量之间的矛盾日益突出。根据巡视规程要求，架空线路巡视检查主要内容共 15 项，通道检查内容共 11 项，即巡视人员对每基杆塔需要进行 26 项检查，巡视人员每人每天平均需要完成 10 基杆塔的巡视，即如果毫无重点地对 260 项内容进行深入的检查，工作量十分巨大且效果并不理想。但目前重点检查部位的选取一般根据经验，缺乏有效的依据。

为了提高运维水平，国网哈尔滨供电公司输电运检室与哈尔滨工业大学科研小组合作，于 2018 年 6 月开始研发设计架空输电线路专业无人机，建立架空输电线路无人机巡视缺陷库和缺陷分析管理软件。运用输电线路专业无人机巡检系统，通过高精度导航定位模块自动识别线路路径，并根据预设的线路巡检程序自主飞行，自动定点悬停拍摄输电线路设备疑似缺陷照片，将大量照片数据汇集到缺陷库中，通过输电架空线路巡检缺陷分析系统，再将大量疑似缺陷照片进行对比分析，快速查找并确定出缺陷，为缺陷等级和缺陷种类进行分类管理提供了依据。

在实际巡线巡检过程中，一整套无人机系统可以识别各种输电线路缺陷问题。譬如可以识别架空输电线路的基础、塔体、支架、导线、绝缘子、防震锤、耐张线夹、悬垂线夹等容易发生事故等关键部位，也可识别人为设备、偷窃、树木放电、雷击、污染、雾气等影响输电线路造成线路性能下降的问题。通过利用大数据分析技术统计各线路的易发缺陷、缺陷易发时间、树障处理周期等项目，并提出相应的运维建议，使运维人员在线路巡视的时候更有针对性，以提高巡视效率和设备运维水平。

二、高性能电池研发

目前无人机动力源多为电能，相比油动无人机，电动无人机的安全性、可靠性较高，使用维护更简单、轻便灵活且成本较低。但也同样存在弊端，在纬度较高气候严寒地区，由于气温较低电池供电的性能会下降，电量消耗较快从而也就

缩短了续航时间。如果通过科技创新解决和提高在极寒天气下电池性能的问题，研创高性能电池与无人机完美结合，那么会大大提高无人机作业地域范围，甚至达到全天候作业。研发新型电池给我们展示了美好的前景：比如，手机充电数秒就完成，在极寒和高温环境中能自如工作，不用担心电池爆炸，不用担心电池老化。但是，距离真正商业化还面临很大的挑战，需要更多科学家的努力和投入才能实现。

三、"无人机十"模式

通过不断的科技创新，无人机作业模式也不再是单一的巡检拍摄，通过搭载不同功能的云台设备，可实现一机多用，使其实用性更强，作业形式和运维手段也更加多样、更为有效。

（1）无人机云台搭载红外可见光测温设备，如图 6-1 所示，可对架空输电线路进行红外测温作业，通过热成像技术及时发现导线结点、各类金具是否有过热设备。

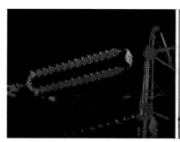

图 6-1　无人机进行红外测温作业

（2）无人机云台搭载紫外线探伤设备时，可近距离对运行中的线路设备的机械构件进行高精准度探伤。通过紫外线成像及时发现部件外部检查无法检测到的内部裂纹、金属疲劳、断裂等缺陷，如图 6-2 所示。

（3）无人机云台搭载喷火机构时，可定点采用喷火焚烧的方式清除导线搭挂或缠绕的异物，避免带电作业风险，如图 6-3 所示。

（4）无人机云台搭载牵引放线机构，可牵引过渡绳索快速跨越障碍进行牵引放线施工作业，不受地理环境限制，提高放线速度和工作效率，如图 6-4 所示。

通过运用和组合多种无人机任务载荷，实现架空输电线路无人机多功能作业，使无人机运用到各类作业现场，达到整体提升线路管理和运维质量的目的。

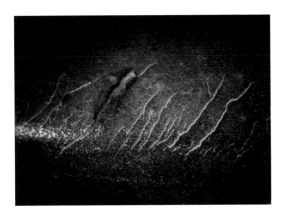

图 6-2 无人机搭载紫外线探伤设备拍摄的缺陷

图 6-3 无人机搭载喷火机构进行缺陷处理

图 6-4 无人机搭载牵引放线机构协助现场作业

四、结合人工智能进行高科技系统化运维管理

给机器赋予人类的思考方式正是人工智能的精髓，而随着大数据时代的到

来，机器可以处理大量的数据，于是我们就可以通过先进的算法"教"机器如何根据大量过去的数据来做现在的决定。事实证明，任何事物都是有规律可循的，当机器掌握了足够多的有用数据及一个优秀的算法后，它可以做出超过人类判断能力的决定。无人机在经过深度学习培训后，其做决定的准确率达到了85.23%，甚至超过了人类的82.00%。而且人工智能另一个特点是学习的过程是持续的，所以只要数据库不断地增大，且不断地对误差进行微调，准确率将越来越高。

运用激光雷达无人机和车载激光雷达实现了高电压等级、长线路路径、高海拔、大挡距输电线路激光雷达建模、缺陷隐患识别、工况分析，构建了"无人机＋车载"的空地一体输电线路激光雷达建模模式，大大提高了电网运维的数字化、可视化。借力人工智能，可以赋予机器一个聪明的头脑，将训练好的模型生成离线SDK，嵌入到监控摄像头或无人机等设备中，这样就可以打造出智能化设备，从而实现输电领域由自动化运检到智能化运检的跨越式发展。将人工智能应用于运检工作，使设备具有感知智能、计算智能和认知智能，将大幅度提升输电系统智能化程度以及安全性、可靠性和经济性。

可以想见，未来是属于人工智能的，而无人机是人工智能最理想的载体之一，二者的结合将成为必然，而随着算法的不断优化，人工智能在无人机上的应用将远远不止自动避障这一项，而无人机也将变得越来越智能。

参 考 文 献

［1］肖世杰，陈安伟．输电线路无人机现场巡检［M］．北京：中国电力出版社，2016.

［2］李婷，张涛．输电线路无人机巡检技术［M］．北京：中国电力出版社，2016.

［3］韩文德．无人机输电线路巡检应用发展报告［M］．北京：中国电力出版社，2017.

［4］张祥全，苏建军．架空输电线路无人机巡检技术［M］．北京：中国电力出版社，2016.